Trends and Reviews in Logic
Vol. 1, No. 1, May 2022

主编
张建军

第一卷　第一辑

逻辑学动态与评论

主办单位：中国逻辑学会
　　　　　江苏省逻辑学会

承办单位：南京大学现代逻辑与逻辑应用研究所

中国社会科学出版社

图书在版编目（CIP）数据

逻辑学动态与评论 . 第一卷 . 第一辑 / 张建军主编 . —北京：中国
社会科学出版社，2022.5
ISBN 978 - 7 - 5227 - 0228 - 5

Ⅰ.①逻…　Ⅱ.①张…　Ⅲ.①逻辑学—文集　Ⅳ.①B81 - 53

中国版本图书馆 CIP 数据核字（2022）第 086998 号

出 版 人	赵剑英
责任编辑	黄　丹　郭曼曼
责任校对	赵雪姣
责任印制	王　超

出　　版	中国社会科学出版社
社　　址	北京鼓楼西大街甲 158 号
邮　　编	100720
网　　址	http://www.csspw.cn
发 行 部	010 - 84083685
门 市 部	010 - 84029450
经　　销	新华书店及其他书店

印　　刷	北京明恒达印务有限公司
装　　订	廊坊市广阳区广增装订厂
版　　次	2022 年 5 月第 1 版
印　　次	2022 年 5 月第 1 次印刷

开　　本	787×1092　1/16
印　　张	14.25
插　　页	2
字　　数	248 千字
定　　价	78.00 元

主办单位

中国逻辑学会　江苏省逻辑学会

承办单位

南京大学现代逻辑与逻辑应用研究所

主　　编：张建军

副 主 编：郭佳宏　顿新国（常务）

目　录

◇◇ 逻辑与社会

◇◇ 学术活动信息

Main Contents

前沿聚焦

达米特论逻辑与元逻辑的关系

蒂莫西·威廉姆森

（英国牛津大学哲学系）

摘　要：威廉姆森反驳了达米特的观点，即为了有助于逻辑原则的支持者和反对者相互理解，语义理论应该尽可能使对象语言的逻辑对元语言的逻辑不敏感。文章首先概述了谐音语义理论的一般优点。然后以模态逻辑为例，特别讨论了关于模态命题逻辑的布劳威尔公式（B）和量化模态逻辑的巴坎公式的争议。可能世界框架内的模态逻辑语义理论符合达米特的要求，因为该语义的非模态性质使对象语言的模态逻辑与元语言的模态逻辑无关。然而，这并不能帮助有争议的模态原则的支持者和反对者相互理解。相反，它使语义理论几乎与争论无关，该争论最好主要以对象语言进行；这甚至适用于达米特自己对 B 原则的反驳。文章证明，模态语言的其他语义形式不会从根本上改变这幅图景。可以论证的是，在逻辑争论的语义和更普遍的元语言方面远没有达米特认为的那么重要。文章也强调了（非因果的）溯因方法在逻辑和哲学中的作用，这与达米特的观点相反，他认为最佳解释推理在这些领域不是一种合法的论证方法。

关键词：逻辑；元逻辑；达米特；模态逻辑；语义理论；溯因方法论

一　引言

从哲学上讲，我成长于 1973—1980 年的牛津大学，那时迈克尔·达米特的思想可以说正经历着日以继夜的持续讨论。对他的作品之熟悉让我们低估了初读时会遇到的困难：我记得，当有人暗示一些美国人觉得达米特的作品晦涩难懂时，如今已声名显赫的一位当代学者觉得很吃惊。没有人预设达米特实际上是**对的**，实际上大多数牛津哲学家都希望避免他的反实在论。他们中有许多人为此花费了大量的时间。然而，他们总能感受到反实在论的威胁，只要他们走错一步，它就会将他们吞没。

他们试图在达米特自己的游戏中击败他，也许只在规则上做一两处改变。在更广泛的方法论层面，达米特代表了这样一代人，他们拒绝日常语言哲学，而偏向于更加抽象也更加系统的理论模式，他们仍然想理解自然语言的使用，却愿意通过一阶形式语言来为它们建模，并且坚持一种显式的组合意义理论。我们都怀疑达米特的论证中潜藏着不那么和谐的行为主义倾向。但他的独创性、丰富性、多才多艺、哲学上的足智多谋、技术上的力量以及纯粹的个人特质，都与这种标签背道而驰。

1979—1980 年间，达米特是我的导师，在此期间我完成了关于逼真性概念的博士论文。在我看来，他仍然是一个严肃认真的知识分子的典范。他对我咄咄逼人的实在论观点也非常宽容，随时准备以自己的方式对它们进行讨论，而不是试图把他自己的出发点强加给我。至少，就他不得不指导的大部分内容而言，我的工作并没有专注于他的作品。在这方面，我的工作对他来说可能是一种解脱，尽管这篇博士论文轻率地默认了他毕生的工作是徒劳的。有一件事或许很有趣：当时我们正在讨论我提出的一个论证，即相对相似性的四元关系比三元关系更基本，我的博士论文中只有这个观点后来有正式发表。① 达米特认为这是完全错误的。他想了一会儿，然后说："我们在哲学方法上的不同之处在于，你认为最佳解释推理在哲学上是一种合理的论证方法，而我不这么认为。"在他看来，深刻的哲学行动在于确定一个假定的解释是否具有可理解性。在那之后，就没有什么最佳解释推理可做的事情了。在我看来，哲学不会像达米特所认为的那样容易陷入不可理解的境地——普通的错误是一个更加紧迫的危险——况且，在任何情况下测试一种解释的可理解性的方法是在其框架内努力工作，而不是先寻求可解性的担保。我最近为逻辑和形而上学的这种溯因方法论进行了辩护。②

除此之外，达米特还如何指望我为不完全理解的意义理论辩护呢？但是，我现在正拥有达米特教我时所有的威克汉姆逻辑学讲席，我在想，我是否能像他那样容忍学生的不同意见呢？

尽管我融入了达米特作品中浸透的哲学文化，但我发现其中很多内容读起来令人费解。我试图指出他的论证中我所反对的一个关键前提，但我们之间的差异远不止于此。我不得不想象自己进入了一个陌生但有趣而强大的思维模式，并发

① Williamson, Timothy 1988："First-order Logics for Comparative Similarity", *Notre Dame Journal of Formal Logic*, 29, pp. 457–481.

② Williamson, Timothy 2013：*Modal Logic as Metaphysics*, Oxford：Oxford University Press.

现这种经历令人惊讶地让人想起阅读一部来自遥远时代的哲学杰作。尽管逐字逐句的解释所需要付出的努力并不会少，但用自己的术语将所有的片段连在一起几乎同样困难。因此，锁定一个明确的分歧点并不仅仅是一个哲学的得分点，即使它也是一个得分点。这是一个线索，揭示了理论观点方面更深层次的差异。

在《形而上学的逻辑基础》中出现了这样一个明显的分歧点，达米特说"在逻辑基本规律上的差异必须反映出在逻辑常项的意义上的差异"。① 我在其他地方已经详细地论证过相反的观点。② 与其再一次正面讨论这个问题，我不如探讨达米特随后提出的一些发人深省的评论，他提出了逻辑基本规律的支持者和反对者通过语义理论在他们的争论中取得进展的最佳途径。对于达米特而言，语义理论概述了整个句子的语义值如何由其组成部分的语义值所确定，其中明确地阐述了逻辑常项的贡献，使人们能够陈述并证明（如果其为真）相应演绎系统的可靠性或完全性定理。该语义理论并**不**试图证明它的原则如何因说话者的共同体对对象语言的使用而正确。对于达米特而言，这一基本任务需要通过一种更深层次的语言意义理论来完成。因此，他设想的语义理论的作用在于使对一条逻辑基本规律有争议的双方能够理解他们的分歧。③

二　达米特论不敏感性的优点

在达米特看来④：

　　近年来，一种极其有害的原则得到了相当程度的普及。那就是在构造语义理论时，元语言必须和对象语言具有相同的基本逻辑。当遵循这一原则时，非经典逻辑的支持者对他所反对的、支持经典规律的论证就有一个

---

① Dummett, Michael 1991：*The Logical Basis of Metaphysics*, London：Duckworth, p. 54.

② Williamson, Timothy 2007：*The Philosophy of Philosophy*, Oxford：Blackwell, pp. 85 – 133.

③ 在获得许可的情况下，本文的其余部分使用了我先前的一篇文章 ［Williamson, Timothy 2011："Logics and Metalogics", in Cellucci, Carlo, Grosholz, Emily, and Ippoliti, Emiliano (eds.), *Logic and Knowledge*, Newcastle：Cambridge Scholars Publishing, pp. 81 – 100］ 中的材料，并进行了明显的修改。那篇文章以不同的形式提交给了 2010 年纪念达米特的劳纳研讨会和 2010 年在罗马大学召开的逻辑与知识会议，然后收录在后者的会议论文集中。塞萨尔·科佐（Cesare Cozzo）也在同一论文集中发表了有益的评论。［Cozzo, Cesare 2011："Discussion", in Cellucci, Carlo, Grosholz, Emily, and Ippoliti, Emiliano (eds.), *Logic and Knowledge*, Newcastle：Cambridge Scholars Publishing, pp. 101 – 197］ 感谢两次会议与会者的讨论。

④ Dummett, *The Logical Basis of Metaphysics*, pp. 54 – 55.

完美的反驳，即该论证假定了该规律在元语言中的有效性。

达米特用经典逻辑和所谓的量子逻辑关于分配律的争议 [即 A&（B∨C）是否衍推（A&B）∨（A&C）] 来说明这种僵局。然后，他继续用一般的术语说道：

> 如果讨论双方都想彼此理解，那么需要的是一种语义理论，它对元语言的逻辑尽可能的不敏感。某些推理形式在元语言中成立，这一点必须达成共识，否则任何推理形式都不能被证明为在对象语言中是有效的还是无效的；但它们最好是争议双方都识别为有效的那些形式。此外，他们在元语言中是否接纳或拒绝某些规律有争议时，如果可能的话，这种争议不应该影响那些规律在对象语言中有效或无效。……如果争论双方都提出这种语义理论，那就会有希望让彼此都能理解对方；甚至有这样一种可能性：他们会找到一个共同的基础，并在此基础上讨论哪一方才是正确的。

为了说明这种方便的不敏感性，他在贝斯或克里普克树的基础上给出了直觉主义句子逻辑的语义学。无论其元逻辑是经典的还是直觉主义的，都可以证明该语义恰好使对象语言的直觉主义逻辑有效。

本文其余部分的目的是评估达米特在所引段落中的主张。

三　敏感性的一些优点

当逻辑 L 是其有效性能在 ML（作为 S 的语言，即元语言的逻辑）中从 S（作为 L 的语言，即对象语言的语义学）中推出的最强逻辑时，则称语义理论 S 将元逻辑 ML 投射到逻辑 L 上。在前文所引的第一段中，达米特否认语义理论应该将每一个元逻辑投射到自身。逻辑不需要保持元逻辑。在第二段中，他断言语义理论应该将不同的元逻辑投射到相同的逻辑上（在尽可能广泛的元逻辑范围内）。逻辑相对于元逻辑来说必须是稳健的。达米特的第二个论断蕴涵第一个，因为如果逻辑总是保持元逻辑，那么它对元逻辑的敏感度就最大。反之则不然，因为语义理论在原则上可能构成一个没有固定点的——投射，那么逻辑对元逻辑的敏感度将达到最高，却不需要保持它。

达米特论证的一个明显原因是对谐音语义学的偏爱，这常常与戴维森的语言哲学相关联。在达米特写作的年代，这种联系在牛津尤为突出。至少作为一种初步的近似，谐音语义理论把每一个元逻辑投射到它自身。相比之下，直觉主义逻辑的贝斯或克里普克语义学在结构上是非谐音的，它甚至将经典的元逻辑投射到对象语言的直觉主义逻辑。

达米特的论证适用于所有可翻译成谐音理论的语义理论，而不仅仅适用于谐音理论本身，因为它们都将可互译元逻辑投射到给定对象语言的相同逻辑。然而，基本的考虑表明，任何语义理论都**应该**可以翻译成谐音理论。"雪是白色的"这句话的关键事实是，任何元语言中的英语语义理论都应该捕捉到这句话的意思是雪是白色的。更一般地说，对于任何对象语言的句子，这种语言的语义理论都应该包含这样的真理：

（M）s 意味着 p

在这个模式中，"s"代表对象语言句子，"p"代表元语言的句子。要使（M）的实例为真，则前一个对象语言句子必须与后一个元语言句子意思相同，或表达相同的命题。因此，一般来说，对象语言必须能够翻译成元语言。戴维森学派试图达到同样的效果，因此通过对语义理论施加复杂的约束，用外延结构"在对象语言中为真当且仅当"替换了非外延结构"意味着"。

这个基本论点必须以各种方式加以限定。

首先，纯谐音语义学不适用于依赖上下文的语言。例如，虽然我所说的"我出生在瑞典"这句话的意思是我出生在瑞典，但是你所说的并不意味着**我**出生在瑞典；而是意味着**你**出生在瑞典。就当前的目的而言，我们可以忽略依赖上下文的这种复杂性。

其次，更相关的限定是，按照达米特的设想，一个语义理论首先是一个逻辑后承的理论，所以通常抽象掉了非逻辑表达式的意义，典型的做法是概括对象语言的所有解释或模型，在这些解释或模型中对纯逻辑表达式的预期解释是固定的。因此，并非所有的对象语言句子都需要通过翻译成元语言来表达对象语言的元逻辑。例如，元语言可能缺少"雪"和"白色"的同义词，尽管对象语言中有它们。然而，由于模型论被认为是只抽象掉了对象语言语义在逻辑上无关的方面，我们可能期望它关于逻辑常项的语义子句或多或少翻译了它们的谐音语义子句，通常相对于一个模型以及其他参数，比如变项的指派。这就是我们在标准的一阶模型论中所发现的东西。它有这样的子句，其中 M, a ⊨ A 意味着在变项指派 a 的情况下，公式 A 在模型 M 中为真，dom（M）是 M 的量化域，a (x/d) 是类似于a的指派，只不过 a (x/d) (x) ＝d：

    M，a⊨¬A，当且仅当并非 M，a⊨A

    M，a⊨A & B，当且仅当M，a⊨A 且 M，a⊨B

    M，a⊨∃x A，当且仅当对某些 d∈dom (M)：M，a (x/d)⊨A

这些都不是谐音的子句，因为与对象语言符号¬、& 和∃相对应的非形式的元语言是"并非""且"和"某些"。即使这些子句在对象语言的扩张中加以形式化，某些非谐音的特征还是会保留下来，例如会涉及指派a (x/d)，以及更重要的模型的域。[①] 尽管如此，因为每个逻辑常项的双条件式右边的主联结词是逻辑常项到元语言的一个大致翻译，并且只在最小的程度上引入技术上必要的额外结构，所以我们仍然可以将这种模型论语义学松散地称为**准谐音的**。

达米特对准谐音的语义学的主要反对意见是，它阻碍了对有效性问题的理性辩论，因为每一方都使用自己更喜欢的逻辑作为元逻辑来证明那个逻辑对对象语言而言的正确性，并指责对方在做同样的事情时是在乞求论题。在他看来，更普遍的是，准谐音的语义学缺乏解释力。

想象一下关于逻辑基本规律 ［！］有效性的争论，它实际上是有效的，尽管有些哲学家不这么认为。［！］的支持者正确地解释了为什么它是有效的。他们的解释既涉及语义理论，又涉及元逻辑。他们在元语言中可以调用 ［！］吗？如果可以，就无法说服 ［！］的批评者。但解释某件事情**为什么**成立的目的通常并不是说服任何人相信它**的确**成立。在解释地球上**为什么**有生命时，科学家并不是尝试去说服任何人相信地球上**有**生命。[②] 要求 ［！］的支持者解释为什么它在对象语言中是有效的，且不在元语言中调用 ［！］，这是相当不合理的。如果 ［！］是一种基本逻辑规律，就不能指望没有 ［！］的元逻辑能投射到一个有 ［！］的逻辑上。按这种观点，元逻辑**应该**包含对象语言的所有逻辑基本规律。如果基本规律产生非基本规律，那可以推出，元逻辑应该至少与该逻辑一样强。它可能需要更强。例如，无量词的对象语言的元语言本身必须包含量词，才能表达元语言的概括（比如可靠性和完全性），因此其元逻辑必须包含量化逻辑。

在准谐音的语义学中，元语言可能包含表达力超出对象语言的元语言词汇。

---

① Williamson, Timothy 2003："Everything"，*Philosophical Perspectives*，17，pp. 415–465.

② 达米特强调了解释有效性和说服他人之间的区别（Dummett, Michael 1975："The Justification of Deduction"，*Proceedings of the British Academy*，59，pp. 201–232）。

例如，带有不受限量词的一阶语言逻辑后承理论可能需要一种二阶的元语言。[1]
这给该逻辑留下了对元逻辑不敏感的空间，因为在可翻译成对象语言的元语言
片段上，相同的元逻辑在其他地方可能有所不同。但这可能不是达米特想要的
空间，因为对对象语言的有效性，有争议的双方的元逻辑不仅会在可翻译成对
象语言的元语言片段上有所不同，而且在其他地方也有所不同。

达米特可能仍然会抱怨准谐音语义缺乏解释力。但是，问题不在于它对有
效性的解释严格来说是循环的。例如，我们在解释∀x x = x为什么有效时，就假
设了这个公式，解释项和被解释项是不同的；否则就会混淆使用和提及。然而，
听众可能会有一种不安的感觉，这种解释太廉价了：它没有花费足够的劳动力
成本。如果假设∀x x ≠ x，那么我们也可以形式上用类似的方式"解释为什么"
∀x x ≠ x是有效的。

然而，任务不是解释为什么∀x x = x，也就是，为什么一切都是自我等同的。
对这个非元语言事实没有提供任何解释。我们可能会怀疑对如此简单和基本的
东西提供解释是否可能。任务是解释为什么公式∀x x = x是有效的。准谐音的语
义学使我们能够解释那个语义事实，把非语义事实当成是理所当然的。期望从
语义理论中得到更多是找错了地方。总的来说，语义理论的任务是给定非语义
事实，然后解释语义事实，而不是为了解释非语义事实，即使它们是逻辑事实。

同样的道理也适用于解释为什么推理规则是有效的，但人们很容易忽略这
一点，因为使用—提及的区别在这些规则中比在单个句子中更难应用。但这种
区别仍然适用，因为仅仅采用一种逻辑规则，如分离规则，还不是元语言的
思考。

这些都不能产生一种方法论来解决关于逻辑基本规律的争端。为什么呢？
我们有理由认为这样的争端很难解决，但它们并没有超出理性的范围。一旦详
细地探索和比较采用不同逻辑系统的结果，我们就有了足够的证据来进行合理
的选择。在达米特的例子中，如果拒绝一个分配律就足以解决量子力学在所有
其他方面的谜题，目前又没有其他的解决方案，我们可能已经在对象语言和元
语言中断然拒绝了这个规律，而不是构造复杂的语义理论来将经典的元逻辑投
射到量子逻辑。量子逻辑真正的麻烦可能在于，拒绝分配律在解决物理难题方
面做的比宣传的要少得多。

---

[1]　Williamson, "Everything", pp. 415 – 465.

到目前为止，讨论都是以高度框架性的术语来进行的。我们可以通过案例来测试它。在本文中，所用的案例是模态逻辑。

四 案例研究一：模态命题逻辑

模态逻辑的标准元理论似乎满足了达米特的限定，即逻辑应该对元逻辑不敏感。其语义框架是一种可能世界模型论，用来刻画相应的后承关系。元语言只是一种外延性的语言，具有足够多的非逻辑初始符来表达集合论以及模态对象语言的句法。它不包含模态算子。它甚至不包含模态谓词，比如"是可能的"或"是一个可能世界"。简而言之，它是数学和句法的语言。这种非模态语义理论将元逻辑投射到一种逻辑，后者并不依赖于元逻辑的模态原则。

让我们详细检查一下模态命题逻辑。从句法上讲，对象语言是标准的：它包含可数多的原子公式 p，q，r，……，一元句子算子¬和□以及二元句子算子&。其他符号按通常的方式作为元语言缩写而引入。例如，◇是¬□¬。一个**模型**是任意三元组的＜W，R，V＞，其中 W 是任意非空集，R 是 W 的成员的任意有序对的集合（W 上的二元关系），V 是从原子公式到 W 的子集的任意函数。我们按如下的方式，根据公式 A 的复杂度，递归定义模型 M =＜W，R，V＞，元素 w∈W 和公式 A 之间的三元关系⊨（其中"wRx"是"＜w，x＞∈R"的缩写）：

如果 A 是原子公式，M，w⊨A，当且仅当 w∈V（A）

M，w⊨¬A，当且仅当并非 M，w⊨A

M，w⊨A＆B，当且仅当 M，w⊨A 且 M，w⊨B

M，w⊨□A，当且仅当对每个满足 wRx 的 x∈W 都有 M，x⊨A

这些定义纯粹是用数学和句法来表述的。尽管¬和＆的子句是准谐音的，但□的子句不是，因为对象语言的模态算子是用元语言中的非模态量化来处理的。

模态命题逻辑的模型论只是作为一种数学而发展起来的。例如，我们可以在数学上证明，对集合 W 上的任意二元关系 R：M，w⊨A→□◇A（即"布劳威尔"模式）对每个模型 M =＜W，R，V＞，w∈W 和公式 A 成立，当且仅当 R 是对称的。类似地，我们可以证明：M，w⊨□A→□□A（4 模式）对每个模型 M =＜W，R，V＞，w∈W 和公式 A 成立，当且仅当 R 是传递的。证明不涉及任何模态考虑：它们没有提及可能性或必然性。

举一个更简单的例子，让我们证明：M，w⊨□A→A 对每个模型 M ＝ ＜ W，R，V ＞，w∈W 和公式 A 成立，当且仅当 R 是自反的。首先，假设 R 在 W 上是自反的。考虑任意模型 M ＝ ＜ W，R，V ＞，w∈W 和公式 A。如果 M，w⊨□A，那么，根据□的子句，对任何满足 wRx 的 x∈W 都有 M，x⊨A；但 wRw 因为 R 是自反的，所以 M，w⊨A。因此根据→的子句，有 M，w⊨□A→A。反过来，假设 R 在 W 上不是自反的，则对于某个 w∈W，并非 wRw。考虑一个模型 M ＝ ＜ W，R，V ＞，使得 V（p）＝W－{w}。因此根据相关的子句，M，w⊨□p 但并非 M，w⊨p，所以并非 M，w⊨□p→p。证明完毕。

在非形式地推进这种语义时，我们可以将 W 描述为一组世界，将 R 描述为一种在两个世界之间的相对可能性关系，其中 x 相对于 w 是可能的，当且仅当若 w 实现则 x 就是可能的。我们称公式 A 在模型 M 中的世界 w 上为真当且仅当 M，w⊨A。然而，这些想法在形式定义或证明中没有任何正式的作用。例如，在提供模型 M ＝ ＜ W，R，V ＞和 w∈W 使得并非 M，w⊨□p→p 时，我们没有试图提供一种可能的情形，其中某件事情必然成立，却不成立；没有这种可能的情形。但集合 W 可以就是 {0}，而 R 是 { }。

实际上，模态逻辑的技术研究正是通过在推理中消除所有模态的考虑，而在过去 50 年中取得了巨大的进步。模态逻辑模型论中的问题是通过纯粹的数学证明来回答的。关于可能性或必然性的哲学争论与这个过程无关。然而，正是由于这个原因，模型论才并没有解决这些争议。

让我们更仔细地探讨模态逻辑模型论与关于模态的哲学问题之间的关系。为明确起见，我们固定一种对模态算子□和◇的非形式解释：分别表示形而上学的必然性和可能性，而不是物理或认知模态。称公式 A 是**形而上学普遍的**，当且仅当 A 在对原子公式的每种解释（这些解释都包含对模态算子的预期解释）下都为真。为了当前的目标，我们可以假设，对于给定的对象语言来说，以下几点是没有争议的：（1）每个真值函数重言式都是形而上学普遍的；（2）每当 A 和 A→B 是形而上学普遍的，B 也是；（3）模式□（A→B）→（□A→□B）的每个实例都是形而上学普遍的；（4）每当 A 是形而上学普遍的，□A 也是。

由于（1）—（4）的可证性类似者公理化了最弱的"正规"模态逻辑 K，（1）—（4）使 K 的每一个定理都是形而上学普遍的。这意味着存在一类模型使得任何公式是形而上学普遍的，当且仅当它在这个类中每个模型的每个世界上都是真的。令 C 是所有这样模型 M 的类，使得每个形而上学普遍的公式在 M 的每个世界上都为真。我们需要证明在 C 中每个模型的每个世界上为真的每个公式都是形而上学普遍的。假设 A 不是形而上学普遍的，那么¬A 在对原子公式的某个解释 Int 和对算子的预期解释下为真（我们假设二值原则：如果 A 在 Int 下不是真的，那么¬A 在 Int 下是真的）。所有在 Int 下为真的公式的集合是 K－一致的，这就是说，没有这样的公式 B_1，……，B_n 使得¬（B_1 &……& B_n）是 K 的定理：若 B_1，……B_n 都在 Int 下为真，B_1 &……& B_n 也是，所以¬（B_1 &……& B_n）在 Int 下不是真的，所以¬（B_1 &……& B_n）不是形而上学普遍的，因此上述的¬（B_1 &……& B_n）不是 K 的定理。这可以推出，K 的典范模型 $M = <W, R, V>$ 包含一个世界 w，其中所有公式在 Int 下都为真。令 $M^* = <W^*, R^*, V^*>$ 为 w 生成的 $<W, R, V>$ 的子模型；因此 W^* 是所有 $x \in W$ 的集合，其中 w 是 x 的自反 R 前驱，$R^* = R \cap W^{*2}$ 并且对每个原子公式 p，V^*（p）= V（p）$\cap W^*$。生成子模型在任何一点上都保持公式的真值：对每个 $x \in W^*$ 和公式 B，$M^*, x \vDash B$，当且仅当 $M, x \vDash B$。[①] 因此，如果 B 在 Int 上为真，那么 $M^*, w \vDash B$，因为 $M, w \vDash B$。特别地，因为¬A 在 Int 下为真，$M^*, w \vDash \neg A$，所以并非 $M^*, w \vDash A$。但是 $M^* \in C$：因为如果 $x \in W$，那么 x 从 w 经 n 步 R^* 关系就能达到；因此，如果公式 B 是形而上学普遍的，根据上文的（4）□ⁿB 也是（其中 □ⁿ 是 n 个 □ 组成的序列）。具体来说，□ⁿB 在 Int 下为真，于是 $M^*, w \vDash \square^n B$，所以根据 □ 的子句，$M^*, x \vDash B$。因此 A 并非在 C 中每个模型的每个世界上都为真。这证明了一个公式是形而上学普遍的，当且仅当它在 C 中每个模型的每个世界上都为真。给定关于形而上学普遍性的相当温和的假定（1）—（4），我们似乎已经将形而上学普遍性的问题归约成了模型论的问题。

问题是模型类 C 本身是根据形而上学普遍性来定义的。举个例子，假设两个哲学家对成立的东西必然可能成立这条原则有分歧。他们都把模态算子理解为表示形而上学的模态；他们并没有鸡同鸭讲。实际上，他们对 B 公理 p→□◇p 是否是形而上学普遍的有分歧。他们都接受关于形而上学普遍性的限制（1）—（4），因此都同意公理是形而上学普遍的，当且仅当它在类 C 的每个模型的每个世界上都为真。根据如上所述的事实，如果 C 只包含 R 对称的模型 $<W, R, V>$，则 B 公理在 C 中每个模型的每个世界上为真，所以该公理是形而上学普

---

① 关于典范模型和生成子模型的更多相关属性，参见 Hughes, George, and Cresswell, Max 1984：*A Companion to Modal Logic*, London：Methuen, pp. 22 – 25, 78 – 81。

遍的；从另一个方向上看，如果对一个集合 W 上的非对称关系 R，C 包含了所有形如 <W，R，V> 的模型，那么 B 公理在 C 中某个模型的某个世界上是假的，所以该公理是非形式的无效的。但 C 是否包含一个具有非对称关系的模型 <W，R，V>，就归结为是否每个形而上学普遍的公式在 <W，R，V> 的每个 w 上都为真。如果 p→□◇p 在 <W，R，V> 的某个 w 上为假，那么问题就在于 p→□◇p 是否是形而上学普遍的。我们回到了起点。

因此，我们可能期望支持或反对 B 原则的论证可以绕过数学模型论，直接去解决模态问题。这正是我们在实践中发现的，尤其在我们看到达米特自己对这一原则的批判之时。他反对克里普克①的观点，认为不可能有独角兽②：

> 例如，它们可能是偶蹄目，像鹿，或者是奇蹄目，像马。用可能世界的语言来说，现实世界 w 中没有独角兽，但是存在一个可能世界 u，其中有独角兽，它们属于偶蹄目，也有另一个可能世界 v，其中也有独角兽，它们在那个世界中属于奇蹄目。[……] 在世界 u 里，任何动物，要想成为独角兽，都必须与独角兽在 u 中具有相同的解剖结构，因此，尤其必须属于偶蹄目。因此，相对于 u，世界 v 是不可能的。反过来，相对于 v，u 也是不可能的。那么实际世界 w 又怎样呢？相对于 u 或 v，它是可能的吗？乍一看它似乎是可能的，因为我们规定的主要区别是，在 w 中根本就没有独角兽。但在世界 u 中，独角兽必然是偶蹄目，而在 w 中，独角兽是奇蹄目是可能的。既然在 u 中必然为真的命题，在 w 中可能为假，w 相对于 u 不会是可能的，尽管 u 相对于 w 是可能的。因此，相对可能性（可及性）关系是不对称的。

实际上，达米特在论证的是，当 p 被解释为表达命题独角兽有可能是奇蹄目时，原则 p→□◇p 是无效的。③

---

① Kripke, Saul 1980：*Naming and Necessity*, Oxford：Blackwell, p. 157.

② Dummett, Michael 1993："Could There Be Unicorns?" in his *The Seas of Language*, Oxford：Clarendon Press, p. 346.

③ 达米特的论证需要可及关系具有传递性，以便从 w 到 v 的可及性和 u 到 v 的不可及性推出 u 到 w 的不可及性，或者用 4 模式（以及其他原则）从 ¬□◇q 推出 ¬□◇◇q，其中 q 表达的命题是，独角兽是奇蹄目动物（所以 p 对应于 ◇q）。达米特在接下来的一段中赞同 4 模式。参见 Dummett, Michael 1993："Could There Be Unicorns?" in his *The Seas of Language*, Oxford：Clarendon Press, p. 347。

　　尽管达米特用世界之间的可及性关系来表述他的论证，但他并没有试图用模型论来避免形而上学的争议。相反，他指的是一个预期的模型。在说到可能性和必然性时，他指的是货真价实的东西，而不是在任意的模型中碰巧扮演类似的结构性角色的任何东西。关于世界及其相对可能性的讨论有助于更清晰地提出论证，而不是用语义学代替形而上学。一个人可以使用模态算子来给出等价的论证，而不用提到世界。的确，从效果上看，所引用的段落中起关键作用的第一句话就已经这么说了："可能有偶蹄目的独角兽，也可能有奇蹄目的独角兽"。对可能世界的谈论呈现为一种术语的转换："用可能世界的语言说"。

　　达米特论证的批评者们指责它混淆了在反事实情形下可以用"独角兽"这个词来说的话与在现实情形下谈论反事实情形时可以说的话。① 如果他们是正确的，（这是肯定的），它建立在语义混淆的基础上，但这并没有使它成为一种语义论证。它并没有使论证的模态维度变得多余。

　　类似的考虑也适用于关于 4 公理 $\Box p \rightarrow \Box\Box p$ 的争议。假设两个哲学家对必然成立的东西必然地必然成立这个原则有分歧。他们两人都把模态算子理解为形而上学模态；他们并没有鸡同鸭讲。实际上，他们在 4 公理是否具有形而上学普遍性的问题上存在分歧。他们都接受对形而上学普遍性的限制（1）—（4），因此同意公理是形而上学普遍的，当且仅当它在 C 类中每个模型的每个世界上都为真。如果 C 只包含 R 是传递关系的模型 < W, R, V >，那么 4 公理在 C 中每个模型的每个世界上都为真，所以该公理是形而上学普遍的；从另一个方向上看，如果对集合 W 上的非传递关系 R，C 包含所有形如 < W, R, V > 的模型，那么 4 公理在 C 中某个模型的某个世界上是假的，所以该公理是非形式的无效的。但是要问 C 是否包含一个带有非传递关系 R 的模型 < W, R, V >，这就归结为是否每个形而上学普遍的公式在 < W, R, V > 的每个 $w \in W$ 上为真。如果 $\Box p \rightarrow \Box\Box p$ 在 < W, R, V > 的某个 $w \in W$ 上是假的，那么问题就在于 < W, R, V > 是否真的在 C 中，而这在一定程度上又取决于 $\Box p \rightarrow \Box\Box p$ 是不是形而上学普遍的。我们又回到了起点。

　　必然成立的东西是否必然地必然成立，这是一个形而上学的问题，而不是一

　　① 参见 Reimer, Marga 1997："Could There Have Been Unicorns?" *International Journal of Philosophical Studies*, 5, pp. 35 – 51 和 Rumfitt, Ian 2010："Logical Necessity", in Hale, Bob, and Hoffmann, Aviv（eds.）2010：*Modality*：*Metaphysics*，*Logic*，*and Epistemology*，Oxford：Oxford University Press, pp. 35 – 64。有关 B 的相关争议，涉及专有名称而非自然种类词，参见 Stephanou, Yannis 2000："Necessary Beings", *Analysis*, 60, pp. 188 – 191 和 Gregory, Dominic 2001："B is innocent", *Analysis*, 61, pp. 225 – 229。

个语义学问题。单纯依靠模型论手段是解决不了这个问题的。毫不奇怪，对这一原则最突出的批评全都是形而上学的，并且是以明确的模态术语来表达的。这一原则的支持者们也在同一层次上作出回应。双方都将语义学的考虑用作辅助，而不是他们论证的核心。①②

五　案例研究二：巴坎公式

量化模态逻辑的情况类似。最主要的争议涉及巴坎公式③：

$$\text{BF} \quad \Diamond \exists x\, A \rightarrow \exists x \Diamond A$$

非形式地看，BF 说的是，如果可能有某种东西满足某种条件，那么就有某种可能满足那个条件的东西。许多形而上学者认为存在 BF 的真实反例。例如，女王伊丽莎白一世从来没有生过孩子，但她本可以生的。因此，根据 BF，有一样东西可能是伊丽莎白一世的孩子。但那是什么呢？考虑到一个人的真实起源的本质性，没有一个真实的人可能会有伊丽莎白一世这样的母亲。④ 虽然一些真实的原子聚合可能**构成**伊丽莎白一世的孩子，但这个聚合**不同于**这个孩子。在形而上学者看来，没有什么东西可能是伊丽莎白一世的孩子，所以 BF 是假的。同样，考虑到同一的必然性，BF 蕴涵不可能有比实际更多的东西；但许多形而上学者认为宇宙中的数量是偶然的。

有两种自然的解释方式对模态命题逻辑的模型进行扩展以解释量化模态逻辑：常域语义和变域语义。对于两者，函数 V 现在将每个 n 元原子谓词 F 映射到一个内涵 V（F），后者将每个 w∈W 映射到 F 的外延 V(F)(w)。

按常域语义，每个模型都有单一组件集 D 作为其量词的域。量词的语义子句的形式如下：

M，w，a̲ ⊨ ∃x A，当且仅当对某个 d∈D：M，w，a̲（x/d）⊨ A

---

① 参见 Salmon, Nathan 1989：“The Logic of What Might Have Been”, *Philosophical Review*, 98, pp. 3 – 34 和 Salmon, Nathan 1993：“This Side of Paradox”, *Philosophical Topics*, 21, pp. 187 – 197, 以及 Williamson, Timothy 1990：*Identity and Discrimination*, Oxford：Blackwell, pp. 126 – 143。

② 关于模态命题逻辑中的形而上学普遍性的更多讨论，参见 Williamson, *Modal Logic as Metaphysic*, pp. 92 – 118。

③ Barcan, Ruth［Marcus, Ruth Barcan］1946：“A Functional Calculus of First Order Based on Strict Implication”, *The Journal of Symbolic Logic*, 11, pp. 1 – 16.

④ Kripke, Saul 1980：*Naming and Necessity*, Oxford：Blackwell.

作为一个易于证明的非模态数学事实，按照常域语义，BF 的每个实例在每个指派下都在每个模型的每个世界为真。

按照变域语义①，每个模型都有一个组件函数将每个 $w \in W$ 映射到一个集合 $D(w)$，以在 w 赋值时为量词的域。量词的语义子句形式如下：

$M, w, \underline{a} \models \exists x A$，当且仅当对某个 $d \in D(w): M, w, \underline{a}(x/d) \models A$

一个易于证明的非模态数学事实是，按照变域语义，BF 的一些实例在每个指派下的某个模型的某个 $w \in W$ 是假的。考虑任何模型 w，$x \in W$ 满足 wRx 但并非 $D(x) \sqsubseteq D(w)$。在某个这样的模型 M 中，对所有 y，$V(F)(y) = D(y) - D(w)$。因此，$M, x, \underline{a} \models \exists x Fx$，所以 $M, w, \underline{a} \models \Diamond \exists x Fx$。但如果 $M, w, \underline{a}(x/d) \models \Diamond Fx$，那么对某个 $y \in W$，$d \in V(F)(y)$，所以并非 $d \in D(w)$；因此，并非 $M, w, \underline{a} \models \exists x \Diamond Fx$。因此对 A = Fx 来说，BF 在 M 的 w 处为假。

通俗地说，常域模型中的集合 D 被想象成包含任何存在的东西，其背后的假设是存在（不像是具体的）是非偶然的。类似的，集合 $D(w)$ 在变域模型中被想象成包含任何在世界 w 中存在的东西，其背后的假设是存在（像是具体的）是偶然的。但这些非形式的理解在模型论本身中没有任何作用。

作为对形而上学普遍性的刻画，常域语义和变域语义给出不兼容的结果。我们不能两者都接受。两者之间的选择使我们回到存在偶然与否的形而上学问题。我们没有办法绕过模态争议，从非模态的角度解决关于 BF 的形而上学普遍性问题。

虽然变域模型可以证伪 BF，但是 BF 的反对者有明确的理由只把它们看作方便的表征手段。他们通常认为 BF 有真正的错误实例（将 A 理解为 "x 是伊丽莎白一世的孩子"）。此外，他们通常认为，某些此类实例完全不依赖于量词的任何默认语境限制。例如，尽管可能有某种东西是伊丽莎白一世的孩子，但绝对没有任何东西可能是伊丽莎白一世的孩子，无论量词的变程有多广。尝试用一个预期的变域模型来捕捉这种想法。M 的世界中应该包含现实世界@。如果 BF 在 M 的@处有错误的实例，那么对于某个世界 w，$D(@)$ 不包含 $D(w)$，从而 $D(w)$ 中的某个 d 不在 $D(@)$ 中，因此 $D(@)$ 不包含所有存在的东西。从而亦包含量词按照其预期解释的变程里的所有东西。因此，BF 的反对者

---

① Kripke, Saul 1963: "Semantical Considerations on Modal Logic", *Acta Philosophica Fennica*, 16, pp. 83 – 94.

应该否认存在一种预期的模型。① 他们应该把模型仅仅看作是表征手段，它可以描绘但不能例示 BF 的失败。这样的模型可能包含一个世界，在这个世界为真的闭公式与按照给定的预期解释为真的那些公式重合，但是对它们在模型的世界为真的解释与按照预期解释为真的解释是完全不同的。我们可以从纯数学的角度来解释为什么在变域语义中存在 BF 的反例。事实上，在某些反模型中，所有世界的域都是数，其存在大概是非偶然的。这种解释忽略了模态问题。任何关于在模型世界上为真的句子与按照预期解释为真的句子相重合的论证本身都必须部分地用模态术语来进行。

六　模态语言的其他语义理论

根据前文的结论，反对 BF 的人可能因此会寻求一种语义理论，这种理论更忠实于模态算子的预期意义。自然的想法是在模态元语言中使用准谐音语义学。人们在这方面确实做了一些工作。与非模态元语言中可能世界语义学相比，这是一项繁重的工作。即使是非常简单的结果也很难证明；各种障碍仍有待克服。此外，如果使用这样的元理论，我们就不能期望通过语义上溯实现很多。我们在对象语言中对模态原则的评价，只反映了在元语言中对同一原则的评价。②

---

① 关于这一点和对 BF 的辩护，参见 Williamson, Timothy 1998："Bare Possibilia"，*Erkenntnis*，48，pp. 257 – 273。对 BF 的类似辩护也见 Linsky, Bernard and Zalta, Edward 1994："In Defense of the Simplest Quantified Modal Logic"，可参见 *Philosophical Perspectives*，8，pp. 431 – 458 和 Linsky, Bernard and Zalta, Edward 1996："In Defense of the Contingently Nonconcrete"，*Philosophical Studies*，84，pp. 283 – 294 以及 Parsons, Terence 1994："Ruth Barcan Marcus and the Barcan formula"，in Sinnott-Armstrong, Walter, with Raffman, Diana and Asher, Nicholas (eds.)，*Modality, Morality and Belief：Essays in Honor of Ruth Barcan Marcus*，Cambridge：Cambridge University Press, pp. 3 – 11。对此问题的深入讨论见 Williamson, *Modal Logic as Metaphysics*, pp. 130 – 139。关于 Stalnaker, Robert 2010："Merely possible propositions"，in Hale, Bob, and Hoffmann, Aviv (eds.)，*Modality：Metaphysics, Logic, and Epistemology*，Oxford：Oxford University Press, pp. 21 – 34 中的表征意义标准未能成功处理 BF 的例子，参见 Williamson, *Modal Logic as Metaphysics*, pp. 188 – 194。

② 关于模态真理论，参见以下文献：Fine, Kit 1977："Prior on the Construction of Possible Worlds and Instants"，in Prior, Arthur, and Fine, Kit：*Worlds, Times and Selves*，London：Duckworth, pp. 116 – 168；Davies, Martin 1978：'Weak Necessity and Truth Theories'，*Journal of Philosophical Logic*, 7, pp. 415 – 439；Peacocke, Christopher 1978："Necessity and Truth Theories"，*Journal of Philosophical Logic*, 7, pp. 473 – 500；Gupta, Anil 1978："Modal Logic and Truth"，*Journal of Philosophical Logic*, 7, pp. 441 – 472；Gupta, Anil 1980：*The Logic of Common Nouns*，New Haven：Yale University Press；Rumfitt, Ian 2001："Semantic Theory and Necessary Truth"，*Synthese*, 126, pp. 283 – 324。关于模态模型论，参见以下文献：Humberstone, Lloyd 1996："Homophony, Validity, Modality"，in Copeland, Jack (ed.)，*Logic and Reality：Essays on the Legacy of Arthur Prior*，Oxford：Clarendon Press, pp. 215 – 236。

　　一般来说，我们不能指望通过非模态推理来解决模态问题。当然，有些哲学家试图将模态归约为非模态。也许最好的例子是大卫·刘易斯①。在他的模态实在论中，他用一种非模态语言对可能世界进行量化，这比使用模态算子更能直观地反映出潜在的形而上学现实。可能世界本身是用非模态术语来解释的，解释为相互隔离的时空系统。现实世界只是众多这类系统中的一个，正如这里只是众多地方中的一个，只有从它自己的视角看才享有特权。关于给定对象本可能是不同的断言，描述或错误描述了这些对象在其他系统中的对应体是如何不同的。赞同模态实在论的哲学家可以用它的非模态推理来解决一些模态问题。但大多数哲学家拒绝模态实在论，认为它令人绝望地难以置信。他们坚持认为这个现实世界是偶然的，但客观上具有特殊的形而上学地位。对他们来说，与用非模态语言对世界进行量化相比，使用模态算子为形而上学实在提供了更清晰的表征。

　　如果模态实在论是错误的，那么模态逻辑的可能世界模型论在哲学上有什么用处呢？它是证明一致性的有力工具。我们可以从一组公理和推理规则中证明一个公式是不可推出的，其方法是构造一个模型。在这个模型中，所有公理都为真、所有规则都保真，但该公式为假。此外，如果我们已经证明了一个公理系统对于给定的一类模型是可靠且完全的，有时可以通过对模型的推理而比在公理系统本身内的推理更高效地从它身上推导出结果。或者，人们可以通过指定模态理论来避免公理化的过程，即将模态理论指定为只包含在正式指定的类中所有模型的所有世界为真的那些公式，并通过对模型的推理来推导其结果。但在这些应用中，模型论不过是一种有限的辅助，它不能使我们绕过模态推理。例如，它无法通过语义手段来解决关于 B、4 和 BF 模式的争议。

　　其他形式的模态语言语义学可能会更好吗？到目前为止，可能世界语义学是发展得最好的方法，因此，对本文开头所引用的达米特的论证来说，它构成了在这个领域中最权威的测试。结果表明，它没有提供独立的标准来确定哲学上有争议的模态模式的形而上学普遍性，更不用说准谐音的语义学了。本着达米特的精神，也可以考虑更多关于模态语言的证明论语义理论。迄今为止，证明论对模态逻辑的发展贡献甚微。罗伯特·布兰顿最近尝试将他的推论主义方法应用于模态逻辑的语义学。然而，由于他的策略是展示如何为任何正规模态

---

① Lewis，David 1986：*On the Plurality of Worlds*，Oxford：Blackwell.

逻辑构建一个推论主义语义学，这对于在正规模态逻辑之间进行选择没有多大帮助。①

目前已有证据表明，语义学并不是解决模态逻辑争端的捷径。它可以澄清和规范它们，但不能将逻辑问题转化为语义问题。当然，语义上的混淆会导致逻辑上的错误。因为未被注意到的歧义会在任何探究中导致错误，而对同义词的错误假设可能具有相同的效果。对于名称是否是严格指示词的混淆可能会在带等词的模态逻辑中引起错误，理清混乱可能是纠正错误的先决条件。但是，如果语义错误通常导致逻辑错误，那并不意味着语义正确通常导致逻辑正确。在这方面，逻辑与自然科学的区别可能比人们通常认为的要小。对物理学语言来说，一个糟糕的语义理论可能会误导我们接受物理学中的错误结论。例如，在粗糙的证实主义语义学基础上，哲学家可能会断言，过去所有的事件都在现在留下因果关系的痕迹，而这有可能被证明为在物理上是错误的。但这并不是物理学家期望从一个**好的**物理语言语义理论中得到很多帮助的理由。我们不应该太快假设逻辑的情况完全不同。②

七　逻辑中的理解与分歧

在本文开头引用的达米特的一段话中，他强调在逻辑原则的争论中，双方有必要相互理解。他设想，给定他所推荐的语义理论，这种相互理解可由逻辑对元逻辑的不敏感达成，因为双方可以就某种给定的语义理论会产生什么样的逻辑达成一致，只需要假定没有争议的元逻辑原则。对达米特来说，争论可能因此演变为选择对象语言的语义理论。

"理解某人的话"可以有不同的意义。如果有人说"月亮比地球大"，我们在某种意义上可以理解他的话，因为根据我们的语言能力和对会话上下文的感知，知道他严格意义字面上表达的是什么命题，但在另一种意义上则不理解他的话语，因为我们不知道他为什么觉得可以去断言一个众所周知的谎言。在关于逻辑原则的基本争论中，我们对对方话语缺乏的通常是第二种理解，而不是第一种理解。无论其形式后果如何，这场争论都适用于用自然语言表述的原则，

---

① Brandom, Robert 2008: *Between Saying and Doing*: *Towards an Analytic Pragmatism*, Oxford: Oxford University Press, pp. 170 – 171.

② 相关讨论参见 Williamson, *The Philosophy of Philosophy*, pp. 10 – 47。

双方在表达这些原则时都使用标准的公共意义，而不是人为编造的意义。[①] 对于作为对象语言的自然语言来说，对立的语义理论的作用是描述性的，而不是规定性的。但它们应该通过解释它们所基于的考虑，在后一种意义上让各方理解对方的话语。

在上述模态逻辑的案例研究中，双方在理解对方的严格意义和字面意思方面都没有太多困难。挑战在于理解他们为什么这么说。然而，在这个任务中，语义理论实际上是无用的。那些接受用对称性来限制模型的可及关系的人必须接受对象语言的 B 原则，但这只会带来一个更深层次的问题：他们为什么要接受对称性限制？同样的道理也适用于那些既反对对称性限制，又反对 B 原则的人。如果你对你的对手在 B 原则上的立场感到困惑，你同样会对他们在对称性限定上的立场感到困惑。如果他们解释他们假定的对称性反例，你可能会开始理解他们为什么那样说和那样做。但这个例子也可以作为 B 原则本身的一个直接反例，而不用通过模型论来说题外话。当人们清楚地表达出推动他们的考虑因素时，人们往往能够理解为什么他们在逻辑争论中会站在这种立场。这并不取决于这些考虑是语义的、逻辑的还是形而上学的。

当我们被要求解释为什么接受我们认为是最基本的逻辑原则时，可能会尴尬地发现自己无话可说。我们可以试着反驳反对意见，以我们的逻辑强大的历史记录、简单性、优雅性以及与数学和科学整合的形式提供确证，并强调相竞争逻辑的成问题特征，但我们仍然觉得，与其原理的绝对明显性相比，这些考虑都是次要的。然而，我们有几个理由不去重新构建语义理论，以致从无争议的元逻辑原则推导出有争议的逻辑原则。

首先，该策略可能无法实施。如果这个原则是足够基本的，那么它或许只能在给定一个有争议的语义理论的情况下，才可以从具有较少争议的元逻辑原则中推导出来。为避免诉诸于有争议的元语言原则而调用的额外语义结构可能仅仅支持了对该语义的忠实性的怀疑。例如，常域语义使 BF 有效，这是没有争议的；对 BF 持怀疑态度的人只是将他们的怀疑集中于常域语义是否忠实于公式的预期意义。

其次，争论取决于对手。事实上，每一个假定的逻辑原则都受到一些哲学

---

① 关于无须意义多样性的逻辑分歧的更多讨论，参见 Williamson, *The Philosophy of Philosophy*, pp. 73 – 133。

家或其他人的质疑。要使得一个逻辑原则有效，从这个对手无争议的元逻辑原则出发而进行的语义理论重构，与从另一个对手无争议的元逻辑原则出发而进行的语义理论重构可能是完全不同的。语义学是对意义的理论探究，而不是辩论技巧。不应该根据当前最让我们焦虑的对手是谁这样的偶然事件来调整我们的语义理论，从而歪曲我们的语义理论以便在逻辑上获得短期的论辩优势。

当然，如果不做进一步的研究，我们就不能假定模态逻辑的例子在逻辑、元逻辑和语义学之间的相互关系上是典型的。在逻辑之间做出任何困难的选择时，我们都必须明确地考虑它们所支持的论证形式是否与有效的论证形式相一致，只有考虑逻辑常项的语义理论和表征这些形式的句法结构，我们才能系统地进行这种选择。但这并不意味着这种探究的动力在于语义学；正如我们所看到的，它所起的可能仍然是一个次要的、澄清性的作用。

前文提到的一个简单的思路表明，语义学的作用实际上是次要的。首先，逻辑定理在内容上通常不是元语言的。回到模态逻辑的例子，在强如 S5 的量化模态系统背景下，关于 BF 的争论能够通过一个公式 $\Box \forall x \,\Box \exists y \, x = y$（NNE）的争议加以解决，该公式说的是，必然每个东西都必然是某个东西，或者等价的：不可能有某个东西可能什么都不是。NNE 和 ¬NNE 在任何有趣的意义上都不是元语言的主张。试图通过调用语义方面的考虑，来解释为什么不可能有某个东西可能什么都不是，或者为什么可能有某个东西可能什么都不是，那就是因为无关因素而离题了。任何标准逻辑系统的其他定理也是如此。但如果个别公理和定理在内容上不是元语言的，公理和定理模式也就没有引入元语言内容，因为模式只是收集其实例的一种便捷方式。此外，如果公理和定理模式不引入元语言内容，那么导出或非导出的推理规则也就不引入元语言内容。因为公理或定理模式只是没有前提的导出或非导出的推理规则的特例，给前提和结论留出空间并不会在以前没有元语言内容的地方引入元语言内容。因此，一般来说，逻辑原则在内容上是非元语言的，因此（在相关意义上）不应该用语义学术语来解释。尽管我们可能需要语义来清除那些阻碍我们接受有效的逻辑原则的混淆，然而解释这些原则本身的却不是语义学。同样的道理也适用于拒绝无效的逻辑原则，只要它们以全称概括的形式或在更高阶的逻辑中出现。我们不应该期望语义学超出其适当的任务。

本文着重讨论元逻辑和语义理论在逻辑争论中的相对作用，其主题最初是从《形而上学的逻辑基础》中引用而来的。在案例研究中，元逻辑和语义理论都符合达米特的要求，因为语义理论将元逻辑投射到对象语言的模态逻辑，这完全独立于元语言的模态特征。然而，语义理论对模态逻辑的争论双方都没有提供任何帮助，更不用说解决他们的争议了。事实上，我们发现没有证据支持达米特的观点，即这种争论在根本上是元语言的。当然，按照达米特的说法，最终决定性的考虑应该来自一个更深层次的意义理论，在这种情况下，相互竞争的主张应该以说话者对语言的可观察使用这种硬通货的形式来兑现。但我们实际上不知道这样一个过程会是什么样子，或者对模态逻辑而言，为什么我们应该期望这种语义理论所涉及的争议比非元语言的逻辑形而上学理论所涉及的争议要少。我个人的观点是，在这类问题上，除了用模态对象语言做溯因推理外，我们没有其他可行的方法。① 因此，我与达米特的分歧可以追溯到他在30多年前就判断出的我们之间的方法论差异。

［本文译自 Michael Frauchiger（Ed.），*Truth*，*Meaning*，*Justification*，*and Reality*：*Themes from Dummett*，De Gruyter，2017，pp. 153 – 175. 徐召清译。译者单位：四川大学哲学系。本译文系国家社科基金重大项目（编号17ZDA024）的阶段性成果。］

（本文编辑：张力锋）

Dummett on the Relation between Logics and Metalogics

Timothy WILLIAMSON

Abstract：The paper takes issue with a claim by Dummett that, in order to aid understanding between proponents and opponents of logical principles, a semantic theory should make the logic of the object-language maximally insensitive to the logic of the metalanguage. The general advantages of something closer to a homophonic semantic theory are sketched. A case study is then made of modal logic, with special reference to disputes over the Brouwerian formula（B）in propositional modal logic and the Barcan

---

① Williamson, *Modal Logic as Metaphysics* 就采取了这种方法。

formula in quantified modal logic. Semantic theories for modal logic within a possible worlds framework satisfy Dummett's desideratum, since the non-modal nature of the semantics makes the modal logic of the object-language trivially insensitive to the modal logic of the metalanguage. However, that does not help proponents and opponents of the modal principles at issue understand each other. Rather, it makes the semantic theory virtually irrelevant to the dispute, which is best conducted mainly in the object-language; this applies even to Dummett's own objection to the B principle. Other forms of semantics for modal languages are shown not to alter the picture radically. It is argued that the semantic and more generally metalinguistic aspect of disputes in logic is much less significant than Dummett takes it to be. The role of (non-causal) abductive considerations in logic and philosophy is emphasized, contrary to Dummett's view that inference to the best explanation is not a legitimate method of argument in these areas.

Keywords: Logic; Metalogic; Dummett; Modal Logic; Semantic Theory; Abductive Methodology

真理、反思与层级

迈克尔·格兰兹伯格

（美国西北大学哲学系）

摘　要：针对真理的层级进路，一种常见的反对意见是，该进路使得真理概念碎片化。本文大体上为层级进路辩护，反驳碎片化反对意见。通过与数学证明进行对比，本文论证这里所需的碎片化是人们熟知的且不成问题的。此外，本文为真理碎片化的来源和本质提供一种解释。碎片化产生的原因在于，真理概念显示出一种基于反思的闭合失败。本文为这里涉及的反思提供一种更加准确的刻画，这首先在真理的形式理论装置中进行，然后在更一般的装置中进行。

关键词：真理；反思；层级；说谎者悖论；证明

人们常常注意到，塔斯基①对语言和元语言的分层使得真理概念碎片化。我们拥有的不是一个概念，而是无限多个排列在层级中的概念。沿着塔斯基路线的后续研究（例如，帕森斯②、伯奇③、巴威斯和埃切曼迪④）已以不同方式提议，把层级建立在给定语境中说者所能表达的东西之上，而不是建立在多种语言或真理概念本身之上。在我自己的研究中，我论证了命题域的层级实际上产生于语言学意义上的语境的运作。因此，我论证了对自然语言的考虑为层级进路增添了一些合理性。但是，碎片化反对意见仍然存在。无论如何，层级理论都要求说者在任何情况下都不能表达一个统一真理概念的整体。

在这篇文章中，我将大体上为层级进路辩护，反驳碎片化反对意见。我将

---

① Cf. Tarski, A. , "The Concept of Truth in Formalized Languages", translated by Woodger J H, Corcoran J ed. , *Logic*, *Semantics*, *Metamathematics*, 2nd, Indianapolis：Hackett, 1983.

② Cf. Parsons, C. , "The Liar Paradox", *Journal of Philosophical Logic*, 1974, 3, pp. 381 –412.

③ Cf. Burge, T. , "Semantical Paradox", *Journal of Philosophy*, 1979, 76, pp. 169 – 198.

④ Cf. Barwise, J. and Etchemendy, J. , *The Liar*, Oxford：Oxford University Press, 1987.

通过两种方式进行。第一，我将论证所需的碎片化是人们所熟知的。在"数学证明"这一概念中，我们看到同类的碎片化。在数学证明的情形中，我们发现碎片化是平常的，或至少是无威胁的，甚至可能是丰富该概念的一种来源。碎片化在那里是没问题的，它对于真理也是没问题的。第二，在这个论证过程中，我将试图澄清这些概念碎片化的来源与本质。对于证明①和真理②，人们已注意到，碎片化产生的原因在于，这些概念显示出一种基于反思的闭合失败。粗略地讲，对这两个概念的任何足够准确的表述都允许一种关于这种表述的正确性的反思，从而引致一种区别于前者的更强表述。我将在此考察这种反思。基于克雷赛尔和帕森斯的研究，我将在真理的形式理论装置中为这种反思提供更准确的刻画，并说明这有助于我们在更一般的装置中理解真理概念的层级本质。

我接下来的论证将聚焦于说谎者悖论的一种特别强但却鲜少被关注的形式，我把它称为"增强型说谎者悖论"（Fortified Liar）。强化说谎者悖论表明，对说谎者悖论的自然回答会再次引致悖论。同理，增强型说谎者表明，对强化说谎者的自然回答也会再次引致悖论。我将论证，增强型说谎者有助于澄清真理概念为何是分层的，且有助于解释在何种意义上这种层级产生于反思程序。

本篇文章结构如下：在第一节中，我将介绍强化说谎者，以此来质疑某些真理论——它们将真值谓词视为部分性的（partial）。我将在真理的形式理论装置中阐发这个质疑。接着，在第二节中，我将提出增强型说谎者，它表明，部分性理论对强化说谎者的自然回应是失败的。这一失败指明了如何准确刻画使得真理分层的反思程序。第二节将在证明论中适当技术化地讨论"反思原则"（reflection principles）。在第三节中，我将说明在第二节中出现的境况类似于数学证明中众所周知的境况。基于此，我断定碎片化反对意见是无力的。在第四节中，我将进一步论证，前几节所得到的结论是强有力的，且这些结论的产生不仅仅限于形式理论。最后，在第五节中，我将通过简要对比我在此提供的观点和一些重要的对立观点来总结全文。

---

① Cf. Kreisel, G., "Principles of Proof and Ordinals Implicit in Given Concepts", Kino, A., Myhill, J., and Vesley, R. E., eds., *Intuitionism and Proof Theory*, Amsterdam: North-Holland, 1970, pp. 489 –516.

② Cf. Parsons, C., "Informal Axiomatization, Formalization, and the Concept of Truth", *Synthese*, 1974, 27, pp. 27 –47.

一 部分性和强化说谎者

塔斯基[①]对说谎者悖论的回应是极端的，即禁止一切真值谓词对自身的应用（更恰当地说，是对包含真值谓词的语句的应用，但这里我要滥用术语，谈论应用于自身的真这样的谓词和概念）。这看起来难以接受，因为存在许多自然语言的例子，其中真值谓词的自我应用是完全无害的，甚至是有利的。为了避免陷入这种极端，一种主流的想法是：悖论表明了真理概念是部分性的，像说谎者语句这样的一些语句在这个谓词的应用范围之外。

这个想法与那些较塔斯基层级宽泛的层级是兼容的。在其他工作中，我将使用部分性技术，使语义概念在一个层级的层面内合理地自我应用。和索姆斯[②]一样，克里普克[③]最终承认了真值谓词的层级。但特伦斯·帕森斯[④]、莱因哈特[⑤]以及麦基[⑥]等其他人主张，真正的部分性在被正确理解的情况下拒斥任何层级。指出他们的策略错在何处，将有助于让层级的本质更加清晰。

对于以部分性为基础的反层级观点，标准的回应是强化说谎者悖论。这是一类推理，它指出任何部分性理论都必须确保说谎者语句不被推出为真，于是我们就从该理论中得知说谎者语句不是真的，而这一结论正是说谎者语句，因此又回到了悖论。

尽管这个论证在直觉上令人信服，但它在某种意义上也存在问题。它需要对某个给定的悖论"解决方案"进行推理。那些反对层级的人坚持认为，这是错误推理，它源于人们误解了真值谓词作为部分性谓词的方式。

我将在第二节中论证，强化说谎者不能被阻止。首先，在一个更具表现形式的装置中阐明该问题将是有助益的。令 L 为通常的算术语言，令 L^{Tr} 为添加谓

---

① Cf. Tarski, A., "The Concept of Truth in Formalized Languages", translated by Woodger J H, Corcoran J ed., *Logic, Semantics, Metamathematics*, 2nd, Indianapolis: Hackett, 1983.

② Cf. Soames, S., *Understanding Truth*, Oxford: Oxford University Press, 1999.

③ Cf. Kripke, S., "Outline of a Theory of Truth", *Journal of Philosophy*, 1975, 72, pp. 690 – 716.

④ Cf. Parsons, T., "Assertion, Denial, and the Liar Paradox", *Journal of Philosophical Logic*, 1984, 13, pp. 137 – 152.

⑤ Cf. Reinhardt, W. N., "Some Remarks on Extending and Interpreting Theories with a Partial Predicate for Truth", *Journal of Philosophical Logic*, 1986, 15, pp. 219 – 251.

⑥ Cf. McGee, V., *Truth, Vagueness, and Paradox*, Indianapolis: Hackett, 1991.

词「Tr」后扩张的语言，① 令 PA^{Tr} 为通常的皮亚诺算术理论，通过归纳模式扩张 L^{Tr}。其次，引入更多惯用术语，令项「φ」为 φ 的适当哥德尔数，并令函数 $\bar{x}$ 为输入 x 所得的第 $x+1$ 个形式数字。

正如塔斯基很久之前就注意到的，支配 Tr 的公理是不相容的 T − 模式：

$$(\text{T}) \quad \forall x(Tr(\ulcorner\varphi\,\dot{\bar{x}}\urcorner)\leftrightarrow\varphi x)$$

这里需要为 Tr 提供一些相容的原则以取代（T）。根据部分性观点，我们要做的是寻找体现真值谓词部分性的原则。

关于如何实现这个想法已有不少方案。出于本文的研究目的，一种巧妙而有用的方案是用一个推理规则集取代不相容的（T）。令 TP（表示真理部分性）包含 PA^{Tr} 并在如下规则下闭合：

$$\frac{TP \vdash Tr\,(\ulcorner\varphi\,\dot{\bar{x}}\,\urcorner)}{TP \vdash \varphi x} \qquad \frac{TP \vdash \neg\, Tr\,(\ulcorner\varphi\,\dot{\bar{x}}\,\urcorner)}{TP \vdash \neg\, \varphi x}$$

（TrInf）

$$\frac{TP \vdash \varphi x}{TP \vdash Tr\,(\ulcorner\varphi\,\dot{\bar{x}}\,\urcorner)} \qquad \frac{TP \vdash \neg\, \varphi x}{TP \vdash \neg\, Tr\,(\ulcorner\varphi\,\dot{\bar{x}}\,\urcorner)}$$

［我是用参数化的形式给出这些规则的，允许自由变元 x 出现在 φ 中。这是很平常的操作（例如，见弗里德曼和谢尔德的工作②），只不过是避免对公式做出不必要的限制。我相信这样做准确把握了这些规则背后的哲学观点。但从证明论的角度看，这样做会带来下文要用到的结果。］

TP 以如下方式体现了 Tr 的部分性。对于一些语句，我们有 $TP \vdash Tr(\ulcorner\varphi\urcorner)$，这些是真语句。对于另一些语句，则有 $TP \nvdash Tr(\ulcorner\varphi\urcorner)$［这等价于 $TP \vdash Tr(\ulcorner\neg\,\varphi\urcorner)$］，这些是假语句。但还有一些语句，二者皆不成立。③ 令 λ 为说谎者语句，即如下语句：

$$TP \vdash \lambda \leftrightarrow \neg\, Tr(\ulcorner\lambda\urcorner)$$

---

① 在我更系统化的工作中，我坚持将真值谓词应用于命题，并为语境中可表达的命题域的层级辩护。在此，我将默许谈论应用于语句的真值谓词，因为这样做使得层级结构易懂，并且便于与证明进行对比。

② Cf. Friedman, H., and Sheard, M., "An Axiomatic Approach to Self-Referential Truth", *Annals of Pure and Applied Logic*, 1987, 33, pp. 1 – 21.

③ 尽管 TP 描述了一个部分性真值谓词，其背后的逻辑仍完全是经典的。TP 的部分性在于它既证明又不证明的某些东西，而不在于某种其他的逻辑。通过 TrInf 规则来体现 TP 的特点是为了方便阐述，也是为了与（T）进行比较，但这不是我们能够获得的最精确的形式。正如 Volker Halbach 向我指出的，TrInf 中的消去规则（前两个规则）看上去是多余的。作为理论的充分条件的一种来源，像 TrInf 这样的规则以某种不同的方式在 McGee 的工作中占重要地位。Cf. McGee, V., *Truth, Vagueness, and Paradox*, Indianapolis：Hackett, 1991.

对角线引理确保 λ 的存在。因为已知 TP 是相容的①，从而知道 $TP \nvdash Tr(\ulcorner\lambda\urcorner)$ 和 $TP \nvdash \neg\, Tr(\ulcorner\lambda\urcorner)$。正是在这个意义上可以说，根据 TP，λ 在 Tr 的应用范围之外。②

可以用 TP 给出强化说谎者推理的更准确版本。我们已经注意到 $TP \nvdash Tr(\ulcorner\lambda\urcorner)$。而且，$TP$ 如此设计就是为了确保该结果，如此它才能是相容的。同样的结果对于 TP 的任何相容扩张都成立。因此，重点不仅仅在于不完全性。可以由此得出结论，根据 TP，λ 不是真的。就 TP 是正确的真理论而言，这表明 $\neg\, Tr(\ulcorner\lambda\urcorner)$。这就回到了悖论。

现在，这个推理中有争议的部分显而易见。它需要做出关于 TP 理论的推理。（确实，如果这个推理能够在 TP 中运行，TP 将是不相容的。）那些认为该论证可靠的人会指出，尽管这个推理是关于 TP 的而非在 TP 之中，它看起来仍是很好的。只要 TP 是告诉我们真理的理论，并且只要它是正确的，我们就可以从它对 λ 的处理中得到 $\neg\, Tr(\ulcorner\lambda\urcorner)$。

层级进路的辩护者认为，该推理指示出层级中的一个步骤。不同理论对这一步骤的解释有所不同，但它们都同意这个推理是正确的，并且是非悖论性的，因为强化说谎者推理的最终结论，是在比说谎者语句本身所在层级之层面更高的层面得出的。

二　增强型说谎者和反思原则

显然，反层级观点并不接受这个结论。它回应道，强化说谎者推理中存在

---

① Cf. Friedman, H. , and Sheard, M. , "An Axiomatic Approach to Self-Referential Truth", *Annals of Pure and Applied Logic*, 1987, 33, pp. 1 - 21.

② TP 是部分性理论的直接陈述，但它是极弱的。对它的一种自然扩张，即为其添加某些有关 Tr 的进一步的基本原则以及一个二值的形式化陈述，被悉知为对 PA 的保守扩张。Cf. Friedman, H. , and Sheard, M. , "An Axiomatic Approach to Self-Referential Truth", *Annals of Pure and Applied Logic*, 1987, 33, pp. 1 - 21. 一种进一步的扩张，即添加那些声明量词与 $\ulcorner Tr\urcorner$ 一同运行的条件句，也是相容的，但它是 ω - 不相容的。Cf. Cantini, A. , *Logical Frameworks for Truth and Abstraction: An Axiomatic Study*, Amsterdam: Elsevier, 1996. 克里普克的不动点技术可能被用于建立 TP 的自然模型。但在这种情况下，该理论的极弱性允许我们轻易地构造一个 ω - 模型。$< \mathbb{N}, \{\ulcorner\varphi\urcorner TP \vdash Tr(\ulcorner\varphi\urcorner)\} > \vDash TP$。Cf. Friedman, H. , and Sheard, M. , "The Disjunction and Existence Properties for Axiomatic Systems of Truth", *Annals of Pure and Applied Logic*, 1988, 40, pp. 1 - 10。许多强于 TP 的理论已被悉知。Cf. Friedman, H. , and Sheard, M. , "An Axiomatic Approach to Self-Referential Truth", *Annals of Pure and Applied Logic*, 1987, 33, pp. 1 - 21. Feferman, S. , "Reflecting on Incompleteness", *Journal of Symbolic Logic*, 1991, 56, pp. 1 - 49. Cantini, A. , *Logical Frameworks for Truth and Abstraction: An Axiomatic Study*, Amsterdam: Elsevier, 1996.

错误，并且无须层级。我将解释我为何认为这些回应无济于事。这将有助于澄清强化说谎者已指出的层级的本质。

反层级观点认为，强化说谎者推理中的错误在于，从 $TP \nvdash Tr(\ulcorner\lambda\urcorner)$ 得出 λ 不是真的（该结论仅在层级中的更高一级层面上才说得通）。这种反层级的回应大致如下：该推理误用了 TP。当 TP 证明某个语句为真时，该语句为真这一结论才被 TP 许可。同样，当 TP 证明某个语句不真时，该语句不真这一结论才被 TP 许可。TP 的设计使它不证明关于 λ 的任何东西。从这一点得出任何结论都是误解了 Tr 的部分性。因此，强化说谎者推理中得出 $\neg Tr(\ulcorner\lambda\urcorner)$ 的那个步骤是错误的。

这里并不是建议把真理和可证性混为一谈，而是坚称 TP 已是正确的真理论（于当下目的而言已足够），并禁止在 TP 所言说的内容之上做进一步推理。真理论提供支配真理概念的基本原则，并解释如何从这些原则中得出推论。TP 提供 TrInf 作为真理的基本原则，该原则与常用的一阶逻辑规则以及 PA^{Tr} 一道指引我们进行涉及真理概念的推理。（事实上，最有趣的是，我们将不得不把 TP 看成是与其他无关于真理的理论一起运作的，如物理学、化学等，以告诉我们何为真。但对于 λ 以及这里的其他相关语句，PA^{Tr} 的语法可表达性已足够，因此就当下目的而言可以忽视这一点。）

于是，TP 提供了真理概念的一种分析，同时提供了关于该概念在推理中可能被如何部署的一种分析。就它是一种正确的分析而言，关于何为真的正确结论似乎就是那些在该理论中可以被证明的结论。在回应强化说谎者时，反层级观点声称这个分析是正确的。强化说谎者推理中的关键步骤超出了这一分析，所以它是错误的。由于此分析是作为形式理论的 TP 给出的，阐明该回应的适当方式是声称，当一个语句被 TP 证明为真，我们断定它是真的；当一个语句被 TP 证明为不真，我们断定它不是真的。TP 的沉默不足以得出结论。

为了回答对强化说谎者的这种回应，我将提出我所谓的"增强型说谎者"。增强型说谎者对前述反层级观点做出的回应，正如强化说谎者对真值谓词的部分性做出的反驳。

对强化说谎者的回应通过提供三条原则来坚持 TP 的正确性：（1）如果 $Tr(\ulcorner\varphi\urcorner)$ 在 TP 中可证，那么 φ 是真的；（2）如果 $\neg Tr(\ulcorner\varphi\urcorner)$ 在 TP 中可证，那么 φ 不是真的（是假的）；（3）这是该理论所告诉我们的全部内容。作为一种惯例，当使用部分性谓词时，我们会在给出前两条原则的情况下默认第三条原则。

前两条原则可在 L^{Tr} 中进行如下形式化：

$$(\text{Tr} - \text{RFN})\ Prov_{TP}(\ulcorner Tr(\ulcorner \varphi\,\dot{\bar{x}}\urcorner)\urcorner) \rightarrow Tr(\ulcorner \varphi\,\dot{\bar{x}}\urcorner)$$

$$(\neg\,\text{Tr} - \text{RFN})\ Prov_{TP}(\ulcorner \neg\,Tr(\ulcorner \varphi\,\dot{\bar{x}}\urcorner)\urcorner) \rightarrow \neg\,Tr(\ulcorner \varphi\,\dot{\bar{x}}\urcorner)$$

这里的 $Prov_{TP}$ 是表达 TP 中的可证性的典范谓词。

这些原则表达了 TP 作为真理论的正确性。它们有一个我们熟知的形式。它们都是 TP 的统一反思原则的特例：

$$(\text{RFN}_{TP})\ Prov_{TP}\ulcorner \varphi\,\dot{\bar{x}}\urcorner) \rightarrow \varphi x$$

"统一"表明参数的出现。这条原则表达了 TP 的可靠性，因而把握了该理论的正确性。对于以 Tr 或 $\neg\,Tr$ 开头的公式，即对于作为真理论的 TP，$\text{Tr} - \text{RFN}$ 和 $\neg\,\text{Tr} - \text{RFN}$ 有着同样的作用。

正是这些原则所处的地位带来了问题。即便只有（$\text{Tr} - \text{RFN}$），问题也会出现，因此我只讨论它。为了回应强化说谎者的推理，反层级观点为我们提供了（$\text{Tr} - \text{RFN}$）作为关于该推理错在何处的部分解释。但正因如此，该原则才必须是严格可断定的。断言的规范要求我们只断定那些我们视为真的东西。但根据这里提供的特定想法，真理的唯一根基是在 TP 中的可证性。因此，该解释需要在 TP 中证明（$\text{Tr} - \text{RFN}$）为真，才能使其自洽。反层级观点为了做出上述回应，它必须有：

$$(\text{Prov} - \text{Tr} - \text{RFN})\ TP \vdash Tr(\ulcorner Prov_{TP}(\ulcorner Tr(\ulcorner \varphi\,\dot{\bar{x}}\urcorner)\urcorner) \rightarrow Tr\,(\ulcorner \varphi\,\dot{\bar{x}}\urcorner)\urcorner)$$

这是该理论所不能具备的。应用 TrInf 会产生：

$$TP \vdash Prov_{TP}(\ulcorner Tr(\ulcorner \varphi\,\dot{\bar{x}}\urcorner)\urcorner) \rightarrow Tr(\ulcorner \varphi\,\dot{\bar{x}}\urcorner)$$

如果这成立，那么 TP 是不相容的（inconsistent）。根据勒伯定理，它可推出 $TP \vdash Tr(\ulcorner \lambda\urcorner)$，如此又回到了悖论。①

这不应令人感到意外。RFN_{TP} 是对 TP 的一种强相容性声明。［将它限制到 Π_1 公式就等价于 Con_{TP}（TP 的典范相容性语句②）］第二不完全性定理清楚地表明不能有 $TP \vdash \text{RFN}_{TP}$，前面已经简要了解到，作为特例的 $\text{Tr} - \text{RFN}$ 不能被证明。另一方面，我们现在开始审视反层级的回应的基本错误是什么。他们的主张是

---

① Reinhardt 深思熟虑后给出了该回应的一种版本，并明确陈述了一个类似 Tr – RFN 的原则。他熟知技术方面的状况，但不承认 Prov – Tr – RFN。我将在第五节就此进行进一步讨论。Cf. Reinhardt, W. N., "Some Remarks on Extending and Interpreting Theories with a Partial Predicate for Truth", *Journal of Philosophical Logic*, 1986, 15, pp. 219 – 251.

② Cf. Smorynski, C., "The Incompleteness Theorems", Barwise, J., ed., *Handbook of Mathematical Logic*, Amsterdam：North-Holland, 1977, pp. 821 – 865.

一个关于 TP 正确性的声明，因此也是一种可靠性声明。但根据反层级者的回应思路，我已论证它是一个必须获得证明的可靠性声明。通常不应期待能够做出这样一个声明，而且我们已经看到这事实上也做不到。

为了回应这个论证，有人可能认为我再次误解了 TP 的部分性。从形式上看，TP 的部分性被形如推理规则的形式原则表达出来。因此，或许反层级观点需要的不是 Prov – Tr – RFN 而是如下规则：

$$(\text{Tr} – \text{RFN} – \text{Rule}) \qquad \frac{TP \vdash Prov_{TP}\ (\ulcorner Tr\ (\ulcorner \varphi\,\dot{\dot{x}}\ \urcorner)\ \urcorner)}{TP \vdash Tr\ (\ulcorner \varphi\,\dot{\dot{x}}\ \urcorner)}$$

事实证明，该规则并不弱于 Prov – Tr – RFN，因为二者都意味着 TP 包含完整的 RFN_{TP}，因此 TP 是不相容的。

这是从一个基本的结果得出的。令 TP + Tr – RFN 是将 Tr – RFN 添加到 TP 的公理而产生的理论，令 TPR 是将 Tr – RFN – Rule 添加到 TP 的规则而产生的理论。（有一点很关键，新的规则和公理是对 $Prov_{TP}$ 而言的，而不是对产生更强理论的可证性谓词而言的。正如下面将看到的，后者使得理论不相容。）那么我们有：

命题 1. TP + Tr – RFN ≡ TP + RFN_{TP} ≡ TPR。

显然，要证明命题 1，只要表明 $TPR \vdash \text{RFN}_{TP}$ 就足够了。

该命题的证明是对费弗曼相应成果[1]的修正，只需从一些简单的引理得出。第一条引理在费弗曼的工作中已经得证。

引理 2. $PA \vdash Prov_{TP}(\ulcorner Proof\ of_{TP}(\ulcorner \varphi\,\dot{\dot{x}}\urcorner, y) \rightarrow \varphi\,\dot{\dot{x}}\urcorner)$。

$Proof\ of_{TP}(x, y)$ 是表达 "y 是 x 的一个证明" 的典范谓词。$PA \vdash Prov_{TP}(x) \leftrightarrow \exists y\ Proof\ of_{TP}(x, y)$。

第二条引理是关于在 TP 中的可证性的。通过应用 TrInf 规则，对 φx 的证明可扩张为对 $Tr(\ulcorner \varphi\,\dot{\dot{x}}\urcorner)$ 的证明，对 $Tr(\ulcorner \varphi\,\dot{\dot{x}}\urcorner)$ 的证明可类似地扩张为对 $\ulcorner \varphi x\urcorner$ 的证明。对此进行形式化即得第二条引理。

引理 3. 有如下初始递归函数 e 和 f 满足：

$$PA \vdash Proof\ of_{TP}(\ulcorner \varphi\,\dot{\dot{x}}\urcorner, y) \rightarrow Proof\ of_{TP}(\ulcorner Tr(\ulcorner \varphi\,\dot{\dot{x}}\urcorner)\urcorner, e(y))$$

以及

---

① Cf. Feferman, S., and Spector, C., "Incompleteness Along Paths in Progressions of Theories", *Journal of Symbolic Logic*, 1962, 27, pp. 383 – 390.

$$PA \vdash Proof\ of_{TP}(\ulcorner Tr(\ulcorner \varphi\,\dot{\dot{x}}\urcorner)\urcorner, y) \to Proof\ of_{TP}(\ulcorner \varphi\,\dot{\dot{x}}\urcorner, f(y))$$

因此，

$$PA \vdash Prov_{TP}(\ulcorner \varphi\,\dot{\dot{x}}\urcorner) \leftrightarrow Prov_{TP}(\ulcorner Tr(\ulcorner \varphi\,\dot{\dot{x}}\urcorner)\urcorner)$$

这里的 e 和 f 是代表 e 和 f 的公式。

这些引理结合起来可获得命题1。它们推出：

$$PA \vdash Prov_{TP}(\ulcorner Tr(\ulcorner Proof\ of_{TP}(\ulcorner \varphi\,\dot{\dot{x}}\urcorner, y) \to \varphi\,\dot{\dot{x}}\urcorner)\urcorner)$$

因为 TPR 基于 Tr – RFN – Rule 闭合，所以：

$$TPR \vdash Tr(\ulcorner Proof\ of_{TP}(\ulcorner \varphi\,\dot{\dot{x}}\urcorner, y) \to \varphi\,\dot{\dot{x}}\urcorner)$$

由 TrInf 有：

$$TPR \vdash Proof\ of_{TP}(\ulcorner \varphi\,\dot{\dot{x}}\urcorner, y) \to \varphi x$$

由逻辑常识有：

$$TPR \vdash Prov_{TP}(\ulcorner \varphi\,\dot{\dot{x}}\urcorner) \to \varphi x$$

由此可得直接推论：

推论 4. 如果 Prov – Tr – RFN 或 Tr – RFN – Rule 对于 TP 成立，那么 TP 不相容。

它们中任一个都意味着 $TP \vdash \mathrm{RFN}_{TP}$，而这意味着 $TP \vdash Con_{TP}$。

我们现在得到了增强型说谎者悖论。增强型说谎者推理注意到，反层级观点为回应强化说谎者而提出 Tr – RFN。但根据该回应的思路，为了使得这个声明可接受，这个观点必须有 Prov – Tr – RFN 或者 Tr – RFN – Rule。推论4表明这将再次导致悖论。[①]

---

① 允许规则中有参数，这对于命题1至关重要，但对于 Prov – Tr – RFN 的不相容性则并非如此。有时，有人向我提议，反层级观点可能仅仅通过禁止（TrInf）中的参数来给予回应。有若干原因使我认为这不是一个令人满意的回应。首先，正如我已提及的，我并不认为这类规则出现参数是哲学上可疑的。但也许更重要的是，我认为以下观点是清楚的：只要我们认为这些规则把握了关于证明的一些东西，那么参数的出现就无可非议。在证明中使用参数是没有问题的。或许，反层级观点想以其他方式取代我们对刚刚看到的这类规则的一般理解。但倘若如此，一个类似 Tr – RFN – Rule 的规则和一个条件句 Prov – Tr – RFN 之间的区别就会变得不可理解。在那种情况下，（Prov – Tr – RFN）的问题于我而言似乎在哲学上是不可抗拒的。在提出像 TrInf 和 Tr – RFN – Rule 这样的规则时，反层级观点已经依赖于一些关于证明论本质的想法。在接下来拒绝关于证明的其他自然想法将难以令人接受，例如当参数成为问题时拒斥参数。也有人说，有一些与参数相关的问题值得进一步讨论，但我几乎未提及。第一，从类似于命题1这样的结果看已经很明显了，参数具有重要的证明论力量。特别是，像（RFN_{TP}）这样的统一反思原则等价于形式化的 ω – 规则的不同版本。第二，在允许参数的条件下，我谈论"满足"就如谈及真理本身。人们通常认为二者之间的差别是细微的，但参数的证明论力量（以及可定义性理论显示的其他差别）可能对此提出问题。关于真理论中的反思原则以及关于参数的进一步讨论，参见 Halbach, V., "Disquotational Truth and Analyticity", *Journal of Symbolic Logic*, 2001, 66, pp. 1959 – 1973。

但是，我们从增强型说谎者认识到的，并不止于悖论可能得以恢复的事实。命题1为我们展现了回应强化说谎者所使用的推理将推出什么，它得出完整的 RFN_{TP}。为了避免悖论重现，必须将这个推理解释为发生于层级中的更高一层，RFN_{TP} 就包含在这一层面。

这有助于我们澄清层级中的步骤究竟涉及了什么。层级中的典型步骤，如强化说谎者和增强型说谎者所见证的，涉及一种基于真理论的反思，这种反思相当于从这个真理论的正确性得出结论。在检验增强型说谎者的过程中，我们已看到，这样一步实际上包含了该理论的可靠性声明，即如 RFN_{TP} 所表达的。因此，增强型说谎者为我们展现了，从 TP 得出层级中的下一步的良好模式是由 $TP + \text{RFN}_{TP}$ 给出的。

通过这个模式，还可以阐明如何更好地理解强化说谎者。强化说谎者从 $TP \nvdash Tr(\ulcorner \lambda \urcorner)$ 得出关于 λ 的真值的结论。在 $TP + \text{RFN}_{TP}$ 中，能够直接陈述该推理。因为 $TP + \text{RFN}_{TP} \vdash Prov_{TP}(\ulcorner Tr(\ulcorner \lambda \urcorner) \urcorner) \rightarrow \neg\ Con_{TP}$，我们有：

$$TP + \text{RFN}_{TP} \vdash \neg\ Prov_{TP}(\ulcorner Tr(\ulcorner \lambda \urcorner) \urcorner)$$

现在，在第二层面内识别出第一层面的真值谓词，这是一件极其微妙的事情（因此产生悖论）。在其他工作中，我提出了"内部真值谓词"（internal truth predicate）的想法来解释它。但非常粗略地讲，在 $TP + \text{RFN}_{TP}$ 的角度，我们将第一层面真理视为在 TP 中可证的真理，因而应认为第一层面真理对应于 $Prov_{TP}(\ulcorner Tr(x) \urcorner)$。在此粗略的识别下，可以认为 $\ulcorner \neg\ Prov_{TP}(\ulcorner Tr(\ulcorner \lambda \urcorner) \urcorner) \urcorner$ 表达了说谎者语句。因此，以上结论导致说谎者语句为真。

如果直接建立一个如下不动点 λ'，情况会稍微更准确一些：

$$TP + RFN_{TP} \vdash \lambda' \leftrightarrow \neg\ Prov_{TP}(\ulcorner Tr(\ulcorner \lambda' \urcorner) \urcorner)$$

由引理3，$TP + RFN_{TP} \vdash Prov_{TP}(\ulcorner Tr(\ulcorner \lambda' \urcorner) \urcorner) \rightarrow Prov_{TP}(\ulcorner \lambda' \urcorner)$。从 RFN_{TP} 和 λ' 的定义，我们有 $TP + \text{RFN}_{TP} \vdash Prov_{TP}(\ulcorner \lambda' \urcorner) \rightarrow \lambda' \rightarrow \neg\ Prov_{TP}(\ulcorner Tr(\ulcorner \lambda' \urcorner) \urcorner)$。因此，$TP + \text{RFN}_{TP} \vdash \neg\ Prov_{TP}(\ulcorner Tr(\ulcorner \lambda' \urcorner) \urcorner)$，即 $TP + \text{RFN}_{TP} \vdash \lambda'$。由基于 TrInf 的闭合性，进而可得到 $TP + \text{RFN}_{TP} \vdash Tr(\ulcorner \lambda' \urcorner)$。由此可见，$TP + \text{RFN}_{TP}$ 证明了（重构的）说谎者语句为真。

用可证的真理来识别第一层面真理，只是我们使用的证明论框架的特定做法。正如我提到的，我认为对于这类推理在自然语言中的出现，一个更精练的模型论构造可以给出更准确的图景。（我将在第四节讨论这种进路是如何与证明论框架关联的）。但 $TP + \text{RFN}_{TP}$ 确实提供了我们在强化说谎者和增强型说谎者中使用的那类推理，并且它准确把握了那种基于 TP 可靠性而产生这类推理的反思。因此，它清晰地表达了什么类型的反思带我们进入层级中的下一个层面。我提议将从 TP 到 $TP + \text{RFN}_{TP}$ 的那一步作为真理层级本质的模型。[①]

我们在强化说谎者悖论中已经看到，并在增强型说谎者悖论中尤其清楚地看到的是，从先前层面之正确性的推理可以得到层级中的新一步，就是从 TP 到 $TP + \text{RFN}_{TP}$ 的那一步。这显然是一个我们熟知的模式。希尔伯特计划失败之后，人们对数学证明所期望的正是这种模式。为了表明已出现的层级是不成问题的，我将在下一节中进一步考察这种相似性。

三　证明和真理

希尔伯特和他的合作者对以下说法很有信心：数学证明概念基于某种类似上一节提到的反思程序是闭合的。他们论证如下：一个证明是一个有限对象。当证明被合理地形式化时，它便归于有限主义数学的范围内。因此，对证明的任何反思都归于一种高度限制的证明的范围内。[②] 由此，希尔伯特学派期待能够在有限主义数学中给出所有经典数学的相容性证明，以保卫"康托尔为我们创造的乐园"[③] 免受悖论威胁。事实上，希尔伯特想要的不仅仅是这些。他希望证明，经典数学在其有限主义片段上是可验证为正确的。因此，他想要的是经典数学相对于有限主义陈述的有限可证可靠性，相当于经典数学相对于有限主义数学的保守性。[④]

---

① 因为统一反思原则等价于一个形式化的 ω – 规则，该提议与塔斯基为无限级语言所提出的想法之间有某种联系。

② 该论证由希尔伯特给出。Cf. Hilbert，D.，"On the Infinite"，translated by Bauer-Mengelberg，S.，van Heijenoort，J.，ed.，*From Frege to Gödel：A Source Book in Mathematical Logic* 1879 – 1931，Cambridge：Harvard University Press，1967. 后来希尔伯特又几乎重述了一遍。Cf. Hilbert，D.，"The Foundations of Mathematics"，translated by Bauer-Mengelberg，S.，and Føllesdal，D.，van Heijenoort，J.，ed.，*From Frege to Gödel：A Source Book in Mathematical Logic* 1879 – 1931，Cambridge：Harvard University Press，1967. 一个相似的论证由 Bernays 给出。Cf. Bernays，P.，"The Philosophy of Mathematics and Hilbert's Proof Theory"，translated by Mancosu，P.，Mancosu，P.，ed.，*From Brouwer to Hilbert：The Debate on the Foundations of Mathematics in the* 1920*s*，Oxford：Oxford University Press，1998.

③ Hilbert，D.，"On the Infinite"，translated by Bauer-Mengelberg，S.，van Heijenoort，J.，ed.，*From Frege to Gödel：A Source Book in Mathematical Logic* 1879 – 1931，Cambridge：Harvard University Press，1967，p. 376.

④ 这里我们看到希尔伯特对"理想元素"这一概念的使用。对此概念的解释在某种程度上是有争议的。Cf. Mancosu，P.，"Hilbert and Bernays on Metamathematics"，Mancosu，P.，ed.，*From Brouwer to Hilbert：The Debate on the Foundations of Mathematics in the* 1920*s*，Oxford：Oxford University Press，1998，pp. 149 – 188.

当然，不完全性定理注定希尔伯特计划的初始形式会失败。第一不完全性定理表明，没有单一系统能够在形式化所有经典数学的同时给出至少相对于 PA 不保守的理论。但希尔伯特计划的核心，即在有限主义数学中确保经典数学合理系统（如分析学或 ZFC）的相容性，已被第二不完全性定理摧毁。任何这样的系统都不能在有限主义数学中被证明是相容的。[①]

更切合我们兴趣的是，第二不完全性定理表明，对"证明基于反思闭合"的论证是错误的。如我们先前看到的论证，这一论证相当于一个反思原则的可证性。令 F 为有限主义数学的某个适当理论，C 为经典数学的一个理论。[②] C 中的证明是有限对象，所以 $Prov_C$ 是一个有限主义数学的谓词。假设 C 的语言是 F 的语言的扩张，$Prov_C$ 的有限主义正确性可通过如下公式的实例（对于每个有限主义语句 φ）来表达：

（Rfn_C）$Prov_C(\ulcorner\varphi\urcorner) \rightarrow \varphi$

这是一个足够强的正确性声明，可推出 Con_C。

闭合性论证得出，由于该模式是有限主义的，如果 $Prov_C$ 是正确的，则我们应有 $F \vdash Rfn_C$（更确切地说，Rfn_C 的每个有限主义实例）。在对 F 中的证明进行反思的这一特殊情形中，我们已有为 F 提供的局部反思原则：

（Rfn_F）$Prov_F(\ulcorner\varphi\urcorner) \rightarrow \varphi$

---

① 正如 Kreisel 注意到的，这并不会推翻希尔伯特证明论的所有成果，但使得理论的选择变得至关重要。Cf. Kreisel, G., "A Survey of Proof Theory", *Journal of Symbolic Logic*, 1968, 33, pp. 321 – 388. 今天，许多证明论学家将他们的项目描述为希尔伯特计划的"相对化"版本或"部分实现"。Cf. Feferman, S., "Hilbert's Program Relativized: Proof-Theoretical and Foundational Reductions", *Journal of Symbolic Logic*, 1988, 53, pp. 364 – 384. Simpson, S. G., "Partial Realizations of Hilbert's Program", *Journal of Symbolic Logic*, 1988, 53, pp. 349 – 363. 广为人知的是，在宣布不完全性定理的那篇文章中，哥德尔声称他的成果并不摧毁希尔伯特计划。Cf. Gödel, K., "On Formally Undecidable Propositions of *Principia Mathematica* and Related Systems I", translated by van Heijenoort, J., van Heijenoort, J., ed., *From Frege to Gödel: A Source Book in Mathematical Logic 1879 – 1931*, Cambridge: Harvard University Press, 1967. 他未发表的作品表明，这并不是他关于此事的最终观点。Cf. Gödel, K., *Collected Works, Vol. III: Unpublished Essays and Lectures*, Feferman, S., Dawson, Jr. J. W., Goldfarb, W., Parsons, C., and Solovay, R. M., eds., Oxford: Oxford University Press, 1995. 他似乎在这一点上动摇，因为以下两个问题：所需的相容性证明能否在直觉主义数学中展开？这是否在有限主义数学之上进行？进一步的讨论，Cf. Feferman, S., "Hilbert's Program Relativized: Proof-Theoretical and Foundational Reductions", *Journal of Symbolic Logic*, 1988, 53, pp. 364 – 384. Sieg, W., "Hilbert's Program Sixty Years Later", *Journal of Symbolic Logic*, 1988, 53, pp. 338 – 348.

② Kreisel 论证道，有限主义数学相当于 PA。Cf. Kreisel, G., "Ordinal Logics and the Characterization of Informal Concepts of Proof", Todd, J. A., ed., *Proceedings of the International Congress of Mathematicians (at Edinburgh, 1958)*, Cambridge: Cambridge University Press, 1960, pp. 289 – 299. 但该共识似乎来自 Tait 用 PRA 识别该共识的工作。Cf. Tait, W. W., "Finitism", *Journal of Philosophy*, 1981, 78, pp. 524 – 546. 这已足以应用不完全性定理，所以这个问题并不真正妨碍我们目前关心的事情。

"局部"表示它没有参数。①

再次，闭合论证得出，我们应有 $F \vdash Rfn_F$。第二不完全性定理告诉我们，无论对 F 做出任何合理选择，我们都不能有 $F \vdash Rfn_F$。由此可见，一般证明尤其是有限主义证明不能基于这类反思闭合。

希尔伯特所处的境况非常类似于我所论证的真理部分性理论失败时的境况。二者都关乎一种基于给定形式理论的反思，这种反思通过适当的反思原则来表达。由于二者都认为，被谈论的系统基于反思中涉及的那类推理闭合，它们都要求那个适当的反思原则包含在初始形式理论中。事实证明这是不可能的。

根据克雷赛的线索，我们可以诊断出，上述两种情形的问题在于混淆了一个给定形式理论中的隐性（implicit）部分和显性部分。我们通过反思识别出一个给定形式理论的隐性部分，该反思被克雷赛描述为一种提问："在我们理解（或如某些人所言，'接受'）了某些给定概念之后会认定哪些证明原则是有效的？"②让我们将此称作"克雷赛尔型反思"（Kreiselian Reflection）。

像 Tr – RFN、RFN_{TP}、Tr – RFN – Rule 以及 Rfn_F 这样的反思原则陈述了克雷赛尔型反思的结果，因为它们能够在含有特定资源的特定语言中给出。（我将经常通过克雷赛尔型反思的结果识别出其程序，并谈论克雷赛尔型反思的内容。）克雷赛尔型反思的完全一般形式应该表达一个理论由其本身的正确性而得出的所有性质。因此，它应该用适合该理论的最强术语来表达该理论的可靠性。我认为统一反思原则就是这么做的。

对于一个像 PA 这样的理论，最强的可靠性声明由 PA 的完整的塔斯基真理论给出，我将它称为 $Ta(PA)$。为了确定克雷赛尔型反思的一般形式，应该考察这样一个理论与统一反思之间的关系。

$Ta(PA)$ 在语言 L^{Ta} 中形成，L^{Ta} 是 L 添加了一个塔斯基型真值谓词 Ta 而扩张的语言。$Ta(PA)$ 的公理是 PA^{Ta}（对 Ta 归纳扩张的 PA），以及归纳刻画 PA 之真理的通常条约。$Ta(PA)$ 证明了 PA 的一些由其正确性得出的性质。它在直接形式中证明了 PA 的可靠性，如全局反思原则：

---

① 局部反思原则通常与它们在 Π_1 公式上的统一（参数化的）版本相符，在 Π_1 公式上二者都等价于「Con」。另外，局部版本是较弱的。Cf. Feferman, S., "Transfinite Recursive Progressions of Axiomatic Theories", *Journal of Symbolic Logic*, 1962, 27, pp. 259 –316. Beklemishev, L., "Notes on Local Reflection Principles", *Theoria*, 1997, 63, pp. 139 – 146.

② Kreisel, G., "Principles of Proof and Ordinals Implicit in Given Concept", Kino, A., Myhill, J., and Vesley, R. E., eds., *Intuitionism and Proof Theory*, Amsterdam: North-Holland, 1970, p. 489.

（GRFN） $\forall x(Prov_{PA}(x) \rightarrow Ta(x))$

"全局"表示这是非模式的，这不同于反思原则的局部版本和统一版本。 $Ta(PA) \vdash$ GRFN 且 $Ta(PA) \vdash Con_{PA}$ 。由于我们有一个 Ta 版本的（T），PA 的统一反思原则：

（ RFN_{PA} ） $Prov_{PA}(\ulcorner \varphi \dot{x} \urcorner) \rightarrow \varphi x$

作为 GRFN 与（T）一起得出的特例出现。

从技术上讲，$Ta(PA)$ 强于 $PA + RFN_{PA}$ 。费弗曼[①]已注意到，$Ta(PA)$ 证明了在 $PA + RFN_{PA}$ 中可证的公式都是真的，即它证明了 $PA + RFN_{PA}$ 的全局反思，也因此有 $Con_{PA+RFN_{PA}}$ 。$Ta(PA)$ 和 $PA + RFN_{PA}$ 都声称 PA 的可靠性，这似乎令人费解。事实证明，二者之间的区别是证明论的某些微妙之处。例如，它们都能够证明 PA 的 ω - 相容性，正如一个表达 PA 可靠性的理论所该做的。但 $PA + RFN_{PA}$ 仅仅证明了 ω - 相容性的统一（模式的）形式，并不能证明其全局（非模式的）形式[②]；而 $Ta(PA)$ 则证明了完整的全局形式。斯莫林斯基的成果[③]表明，PA 的 ω - 相容性全局声明等价于限于 Π_3 公式的 $PA + RFN_{PA}$ 的统一反思 $RFN_{\Pi_3}(PA + RFN_{PA})$ 。这反映了费弗曼所注意到的 $Ta(PA)$ 相对强的地方。

如果回顾一下，像 $Ta(PA)$ 那样的理论如一个弱二阶理论般运行，我们就能解释其中的区别。正如帕森斯[④]注意到的，$Ta(PA)$ 本质上给予我们一个谓述类的理论。稍微形式地说，众所周知，$Ta(PA)$ 等价于带有限于算术公式的概括原则的二阶算术理论 ACA。（从技术上讲，$Ta(PA)$ 和 ACA 可相互解释，并证明相同的数学语句。[⑤]）

如 RFN_{PA} 的普通反思原则是把握了如 $Ta(PA)$ 的实质二阶理论内容的一阶模式。它们在一阶装置中表达了一个基本的二阶观点。如此，即使反思原则丧失了一些能由它们的实质二阶类似物给出的证明论力量，它们仍是可靠性的准

① Cf. Feferman, S., "Reflecting on Incompleteness", *Journal of Symbolic Logic*, 1991, 56, pp. 1 – 49.

② Cf. Kreisel, G., and Lévy, A., "Reflection Principles and Their Use for Establishing the Complexity of Axiomatic Systems", *Zeitschrift für mathematische Logik und Grundlagen der Mathematik*, 1968, 14, pp. 87 – 142.

③ Cf. Smorynski, C., "The Incompleteness Theorems", Barwise, J., ed., *Handbook of Mathematical Logic*, Amsterdam: North-Holland, 1977, pp. 821 – 865.

④ Cf. Parsons, C., "Informal Axiomatization, Formalization, and the Concept of Truth", *Synthese*, 1974, 27, pp. 27 – 47.

⑤ Cf. Halbach, V., "Conservative Theories of Classical Truth", *Studia Logica*, 1999, 62, pp. 353 – 370. ACA 本质上是分支分析的第一层面。$Ta(PA)$ 的迭代和分支分析之间的对应关系已被 Feferman 考察。Cf. Feferman, S., "Reflecting on Incompleteness", *Journal of Symbolic Logic*, 1991, 56, pp. 1 – 49.

确声明。PA 的最强反思原则，即统一反思原则 RFN_{PA}，故而在 PA 的语言 L 中提供了 PA 的可靠性、正确性的恰当陈述。它以其自身术语所能做到的最强度，表达了 PA 的正确性。

我提议，这就是我们对克雷赛尔型反思应有的期待。识别出一个形式理论中的隐性部分，这样的想法把我们引向可能超越该形式理论的原则，但这些原则应该能够用那些给出该形式理论的术语来表达。因此我建议，将一个给定理论的统一反思原则视为该理论的克雷赛尔型反思结果。

第二节的结论表明，真理的层级本质是从克雷赛尔型反思中得出的。用 RFN_{TP} 表达出来的反思引起层级中的步骤，而我们已看到 RFN_{TP} 等价于 $\mathrm{Tr}-\mathrm{RFN}$，因此这里涉及的反思是真正的克雷赛尔型反思。由于 TP 已有真值谓词，人们可能认为这里涉及的反思属于稍微更强的实质二阶类别，但这将需要在 L^{Tr} 中建立一个像 $Ta(PA)$ 那样强的理论。因为 TP 让其真值谓词 Tr 自我应用，塔斯基不可定义性定理表明这是做不到的。对 TP 的克雷赛尔型反思应该用 TP 的术语给出，因此我们应该期待它的结果在 L^{Tr} 中是可表达的。而这正是 RFN_{TP} 所做的。[①]

第二不完全性定理的一个基本启发是，对许多概念的形式理论进行克雷赛尔型反思，所得结果在此形式理论中仅仅是隐性的。在该形式理论中它不能是显性的，因为作为结果的反思原则不能被该形式理论证明。任何其自然形式理论能够解释弱算术理论（如弱算术片段的工作[②]已表明的，Q 足以做到）的概念，情况都必定如此。我们将这些概念称为"克雷赛尔型概念"（Kreiselian Concepts）。

必须强调的是，对于一个克雷赛尔型概念，克雷赛尔型反思并不相当于概念转换。它并不要求用一个概念去替代另一个，或者在一个不同的装置中重新分析一个概念。例如，它不像从欧几里得空间理论 $\mathbb{R}^n$ 到流形理论的转换。正是为了确保该特征，我坚持将克雷赛尔型反思结果视作在初始形式理论的语言中可表达的。我们从一个概念的形式理论开始，做出关于该形式理论的推理。我们特别做出关于"从该形式理论的正确性能推出什么"的推理。结果得到新的原则，但这些原则是关于开始时的相同主题的，可用同样的术语表达。这

---

① 据我所知，$TP + \mathrm{RFN}_{TP}$（等价于 $PA + \mathrm{RFN}_{TP}$）是否在算术上等价于 $PA + \mathrm{RFN}_{PA}$，这是一个悬而未决的问题（感谢 Volker Halbach 为我指出此问题）。

② Cf. Hájek, P., and Pudlák, P., *Metamathematics of First-Order Arithmetic*, Berlin: Springer Verlag, 1993.

提供了一个更强的形式理论，但仍是一开始所使用的相同概念的形式理论。

克雷赛尔型概念的标志是，对该概念的形式理论的克雷赛尔型反思引致更强的形式理论，这个理论仍是关于相同概念的。只要从一个形式理论到另一个形式理论的转变是向更强的形式理论的推进，人们就可能倾向于认为这里存在概念转换，而无视我之前相反的声明。但这是误把重心放在个体形式理论上，而忽视这些理论所刻画的初始克雷赛尔型概念。转换是个体形式理论之间的，而非初始克雷赛尔型概念之间的。正如克雷赛本人的提醒①，我们须谨慎对待克雷赛尔型概念的非形式本质。我认为尤为重要的是，每个形式理论都是对相同克雷赛尔型概念的表述或精确化。该转换并不相当于对另一不同概念的表述，而是对相同概念的进一步表述。因此，我坚持认为"未出现概念转换"这一点是恰当的。②

数学证明是一个克雷赛尔型概念，尽管希尔伯特不这么认为。第二节的论证表明，真理概念（甚至是自我应用的部分性真理）也是克雷赛尔型概念。真理的自我应用本质，以及证明的有限本质，使人们误认为它们不是克雷赛尔型概念。但这是一个错误。

在数学证明的情形中，概念的克雷赛尔型本质妨碍了希尔伯特关于数学基础的雄心计划。克雷赛尔型概念的理论化可能比较棘手，但除此之外，概念的克雷赛尔型本质几乎是平淡无奇的。就概念而言，数学证明是很清楚的。在大多数情况下，"什么是好的数学证明"是显而易见的。这并不是说没有困难情形，也不是说概念的克雷赛尔型本质没有引起一些实质的理论议题。③ 但人们不太会说，数学证明是难以言喻的、模糊的或哲学上可疑的。

---

① Cf. Kreisel, G., "Informal Rigour and Completeness Proofs", Lakatos, I., ed., *Problems in the Philosophy of Mathematics*, Amsterdam: North-Holland, 1967, pp. 138–157.

② 这里引发如下问题，我们对真理概念的把握由什么组成？特别是，那种使我们能够表述真理概念的把握由什么组成？这个话题太大了，以至于无法在此处理。但我只想说，我倾向于追随 Dummett 和 Wiggins，在真理和意义或内容之间的关系中寻求该问题的答案。Cf. Dummett, M., "Truth", *Proceedings of the Aristotelian Society*, 1959, 59, pp. 141–162. Dummett, M., "The Source of the Concept of Truth", Boolos, G., ed., *Meaning and Method: Essays in Honor of Hilary Putnam*, Cambridge: Cambridge University Press, 1990. Wiggins, D., "What Would Be a Substantial Theory of Truth?", van Straaten, Z., ed., *Philosophical Subjects: Essays Presented to P. F. Strawson*, Oxford: Oxford University Press, 1980, pp. 189–221. （我也应注意到，我在此得到的结论和达米特得到的一些结论有所重叠，尽管也有一些重要的分歧。Cf. Dummett, M., "The Philosophical Significance of Gödel's Theorem", *Ratio*, 1963, 5, pp. 140–155.）

③ 基于计算机的四色定理证明常常作为困难情形的一个例子被提及。进一步的讨论，参见 Tymoczko, T., *New Directions in the Philosophy of Mathematics*, Boston: Birkhäuser, 1986。

特别是，证明的克雷赛尔型本质并不引导我们得出"该概念以有害的方式碎片化"的结论。当然，它可以被细分，如我们在数论中把初等证明和分析证明区分开来。就形式理论而言，概念的克雷赛尔型本质要求该概念被细分，并且要有从一个层面转向另一层面的自然方法。但又有何妨，这仅仅指出了数学证明的丰富性。

我现在可以提出我的主要主张了。第一，存在真值谓词的层级，这仅仅意味着真理是一个克雷赛尔型概念。从证明论角度看，即我们刚刚考察该概念的角度，任何形式真理论通过克雷赛尔型反思都会引致更强的理论，这仍是真理论。我们可将层级理解为由这一过程的各个层面构成。对部分性真理论的克雷赛尔型反思产生了从一个层面到另一层面的步骤，因此，这些步骤可通过从 TP 到 $TP + \mathrm{RFN}_{TP}$ 的转换模型很好地描述出来。（我将在第四节中，讨论如何在证明论装置之外理解这个观点。）

第二，由于真理作为一个克雷赛尔型概念是准确分层的，真理的层级跟数学证明这样的其他克雷赛尔型概念的层级一样没有问题。与证明一样，真理的层级本质并不意味着真理概念是难以言喻的、模糊的或哲学上可疑的。

综上所述，碎片化反对意见是无力的。正如我们在证明或其他任何克雷赛尔型概念中所看到的，真理必定被细化为各个由克雷赛尔型反思关联起来的形式理论。但也如我们在证明中所看到的，这种细化并不构成哲学上的反对意见。在正确理解的情况下，人们在真理概念中发现的那类碎片化是完全可接受的。

四 基于反思的闭合

至此，我们已考察了形式真理论装置中的一些课题。但是，这些理论不能完全把握各种各样的自然语言情境，在其中真值谓词被日常使用且复杂的说谎者现象能够产生。因此，我们必须质疑，真理概念的克雷赛尔型本质是否仅仅源于形式理论的特征，抑或是说它也可以应用于更现实的理论？在本节中，我将论证它可以更广泛地被应用。形式理论帮助我们澄清层级的本质，但我们已得到的基本观点可以一般化。

上述问题的提出是有充分理由的。人们可能很自然地假定，迭代克雷赛尔型反思的程序应达到一个极限，在此节点上它已基于克雷赛尔型反思"封闭"一个概念。有人可能好奇，像 TP 这样的理论是否无法实现这种封闭。如果它不能，那么人们可能会问，其理由是否只适用于形式理论，而不代表真理本身的本质。我需要解释为何这样一种封闭不会出现，以及为何这不是特定于形式理论的。

为了考察这一点，先回顾证明的情形是有帮助的。我们能够基于克雷赛尔型反思去封闭证明这一概念吗？我们可以封闭更特定的证明概念即算术中的证明吗？众所周知，算术中的证明在某种意义上可以被封闭，但只在微弱的意义上。我将论证，与该问题所假设的完全相反，弱封闭的可及性是特定于证明的形式理论的某些特征的。我将表明，这些特征并不延伸到真理，这就解释了为何真理的克雷赛尔型本质不仅仅是形式理论的事情。

如果我们从 PA 开始，超穷迭代基于 RFN_{PA} 的闭合程序，就能达到一个完全的算术理论的闭合。但是，这里的境况有些微妙。费弗曼表明，对递归序数 O，所有克林符号系统的迭代都会产生一个完全的理论。[1]（O 不是单价符号系统，但有个通过 O 的路径在 O 中递归，它可满足需要。）但该进路有局限。费弗曼和斯佩克特表明，沿着通过 O 的 Π_1^1 路径是无法实现完全性的。[2] 正如后来费弗曼本人对该境况的描述，"［该进路］会停滞，一旦我们无法令人信服地回答以下问题：什么是通过 O 的自然路径？这应该与以下来自证明论的悬而未决的问题密切相关：什么是自然的良序？"[3]

费弗曼的评论和以上结果表明，已知的技术不能解释如何以一种增长信息的方式迭代反思至闭合。提供一种迭代反思的路径，就是去解释将被使用的迭代程序。已知的技术只能依赖 O 进行，但 O 已远远复杂于算术真理集。（算术真理集是 Δ_1^1 完全的，而 O 是 Π_1^1 完全的。）这相当于将"如何迭代至闭合"这个问题，于一个更困难的问题中进行编码以解决它。这确实解决了问题，但用的是蛮力，其方式不能为我们提供更多关于如何基于反思达到闭合的有用信息。

值得注意的是，这里的议题不仅仅是关于不完全性的。当然，据不完全性定理，我们不期待能够建立一个递归可数完全的理论。但在一些情形中，这类限制并不排除那些增长信息的结果。根岑对算术相容性的证明就是一个例子。

---

① Cf. Feferman, S., "Transfinite Recursive Progressions of Axiomatic Theories", *Journal of Symbolic Logic*, 1962, 27, pp. 259–316.

② Cf. Feferman, S., and Spector, C., "Incompleteness Along Paths in Progressions of Theories", *Journal of Symbolic Logic*, 1962, 27, pp. 383–390.

③ Feferman, S., "Turing in the Land of O (z)", Herken, R., ed., *The Universal Turing Machine: A Half-Century Survey*, Oxford: Oxford University Press, 1988, pp. 143–144.

尽管有第二不完全性定理，但该证明确实对它的主题提供了实质启示。而在没有解释什么是自然路径的情况下，用蛮力方式迭代至闭合的问题恰恰在于它未做到如此。[①]

当我们将注意力转向形式真理论而不是算术中的证明，就会发现境况更糟。即便是高度激进的迭代，也没有为我们提供避免增强型说谎者并达到闭合的方式。从证明论角度出发，我们可能将塔斯基真理论的每次迭代视为分支分析进展中的一个步骤。（费弗曼表明，如果从一个弱概括原则出发，迭代统一反思原则会有类似效果。[②]）费弗曼开发了一种部分真理的单一理论[③]，它等价于直至序数 Γ_0 的分支分析。尽管如此，对于这样一种理论，可以简单重复第二节的论证，而导向进一步的克雷赛尔型反思。我们并未迭代我们的做法直至基于克雷赛尔型反思的闭合。

真理的情形不似算术证明，我们甚至没有一种可用的蛮力方式去迭代至闭合，就连那将会是什么也不清楚。在算术的情形中，我们可以聚焦算术完全性，并通过蛮力方式得到它。但我们对真理没有这样的目标。关于自我应用的真理的完全理论应该是怎样的，我们没有任何先验观念，充其量可能会为自我应用的真理争取尽可能多的模式（T）。但塔斯基定理表明，如果这就是目标，那么闭合将无法达到。

---

① 令人惊讶的是，即便使用如同通过 O 的 Π_1^1 路径一样复杂的集合，还是不能得到一个完全的理论。Visser 那个巧妙的成果澄清了，即便使用如上路径，所得的理论仍被一个递归可数的理论包含。因此，不完全性定理仍适用。Cf. Visser, A., "An Incompleteness Result for Paths through or within O", *Nederlandse Akademie van Wetenschappen*, *Proceedings*, *Series A. Mathematical Sciences*, 1981, 43, pp. 237 – 243. 存在一些考虑，其中的技术境况比文中通过 O（through O）路径的建议更微妙。例如，如果审视一下在 O 中（within）的路径而非通过（through）O 的路径，那么 Feferman 已证明沿着长度为 $\omega^{\omega^{\omega+1}}$ 的路径的完全性。Cf. Feferman, S., "Transfinite Recursive Progressions of Axiomatic Theories", *Journal of Symbolic Logic*, 1962, 27, pp. 259 – 316. 准确地讲，具备这种对所需路径长度的约束在很多方面是有利的。但于我们当下目的而言，它并不以正确的方式提供更多信息。如果从关于"迭代路径应相当于什么（如 Feferman 所言，一个自然的路径）"的先验想法出发，并在接下来的工作中使用这个想法去解释迭代反思原则的程序，那将以正确方式提供更多信息。如果接下来能够找到某些对该路径长度的约束，那就更好了。但那不是我们所具备的。在 O 本身或在通过它的路径当中，我们依赖 O 的高度复杂度去编码我们试图解决的问题。其结果是一种蛮力的解决方式，这种方式成功地迭代至闭合，仅通过依赖关于"最终结果应该是什么"的先验知识并找到将它编码入 O 的方式。这不能以一种足以增长信息的方式解释直至闭合的迭代是如何获得的。对于在 O 中的路径，问题不在于复杂度（Feferman 的路径是超算术的）。但它仍是同一种蛮力的解决方式。对 Feferman 构造的检查，即从对预期结果的先验说明开始——对算术真理的说明——然后通过在 O 中正确选择步骤来编码该结果，显示出相同境况。再次，如果没有解释是什么使得如此编码的路径是自然的，就不能阐明"反思的迭代如何可能达到闭合"这一更普遍的问题。

② Cf. Feferman, S., "Systems of Predicative Analysis", *Journal of Symbolic Logic*, 1964, 29, pp. 1 – 30.

③ Cf. Feferman, S., "Reflecting on Incompleteness", *Journal of Symbolic Logic*, 1991, 56, pp. 1 – 49.

有人可能反对说，这里的问题仍是证明论方法的残余。他们可能提议，一旦放弃证明论的视角，我们就会非常清楚目标是什么。根据克里普克的工作[①]，有人可能主张，我们的目标应该是不动点性质：$< \mathbb{N}, E > \vDash \varphi \leftrightarrow < \mathbb{N}, E > \vDash Tr(\ulcorner \varphi \urcorner)$。我们可能进一步注意到，使用归纳定义技术而非证明论技术，我们知道如何通过迭代反思构造来以巧妙而又富有信息的方式实现这一目标。看起来似乎我们已拥有所需要的了。

的确，众所周知，克里普克构造与建构塔斯基真值谓词的迭代程序密切相关[②][③][④]。让我们考虑这样一个提议，即在模型论角度，它相当于一个迭代克雷赛尔型反思的过程。现在可能会有大量关于此提议的问题。从证明论角度出发，我坚持认为克雷赛尔型反思对应于添加 RFN_{PA} 而非 $Ta(PA)$。从更模型论的角度出发，这将是不适当的，因为 RFN_{PA} 包含一个"证明"谓词。但以下提议似乎是合理的：克里普克构造仍包含克雷赛尔型反思，由 RFN_{PA} 和 $Ta(PA)$ 标识出来的证明论意义上的区别，被克里普克构造通过在"部分性"基本装置中运用真值谓词标识出来。出于论证的目的，与其详细地追究这个区别，我宁可简单地承认，我们可以合理地认为克里普克构造至少与迭代克雷赛尔型反思的程序不相上下。承认了这一点，基本问题就变得清晰：此过程达到不动点的事实难道没有表明如何迭代克雷赛尔型反思至闭合吗？此结果难道不是像 TP 那样的真理部分性理论基于这种反思的封闭吗？

的确不是。克里普克本人也注意到，我们并没有得到所追求的闭合。尽管已有大量的闭合，我们仍可以作出如下推理：说谎者语句 $\ulcorner \lambda \urcorner$ 不能在最小不动点中或任何其他不动点中（只要我们需要相容性）。但接下来，只要给定的不动点是我们的真理论，我们就会注意到说谎者语句不是真的。这又回到了强化说谎者。

以上练习正是一次克雷赛尔型反思（无论克里普克构造中步骤本身的地位可能是什么）。它是关于克里普克不动点构造的正确性的推理，而这种构造被认为提供了一个真理论。再次，该推理发生在模型论和归纳可定义性的背景中。如我所提到的，在此装置中，对克雷赛尔型反思的形式描述不应像我们上面所

① Cf. Kripke, S., "Outline of a Theory of Truth", *Journal of Philosophy*, 1975, 72, pp. 690 – 716.
② Cf. Kripke, S., "Outline of a Theory of Truth", *Journal of Philosophy*, 1975, 72, pp. 690 – 716.
③ Cf. McGee, V., *Truth, Vagueness, and Paradox*, Indianapolis: Hackett, 1991.
④ Cf. Halbach, V., "Tarskian and Kripean Truth", *Journal of Philosophical Logic*, 1997, 26, pp. 69 – 80.

做的那样——添加一个证明论反思原则。因此，提供这样一个形式描述将需要一套全新的技术装备，这不是我在此追求的。① 但非形式地讲，我们可能观察到，一旦拥有允许我们表明不动点模型的存在并展示它们的某些基本性质的资源，就可以得出结论。这相当于足够强的资源，强到足以证明某些归纳定义的集合的存在。事实上，它们相当于已经体现在克里普克构造本身中的可定义性资源。因此，正如从 TP 到 $TP + RFN_{TP}$ 的那一步，对于这种适合于自身的构造，我们反思了它的正确性。这提供了显示出 λ 不在任何不动点中的资源。超越克里普克构造的不动点，我们有进一步的、真正的克雷赛尔型反思。

因此，我们回到了之前从证明论角度看到的境况。我们能够于我们的模型论构造——真理的模型论理论之上进行克雷赛尔型反思。与之前一样，这种反思导致了它所应用的资源（理论或者模型论构造）的实质扩张。即使对不动点模型也是如此。说谎者语句不为真的结论（也是说谎者语句的第二层面真值），在最小不动点模型所体现的理论中可能只是隐性的，但一旦允许对该模型进行反思，它就会变成显性的。因此，我们有强化说谎者所包含的反思。② 同样，通过考虑对强化说谎者的回应——为真即在不动点中——的模型论类似物，可以得到增强型说谎者的模型论类似物。

我们通过该技术在达到真理闭合方面所取得的成就（如果有的话），少于我们在算术证明的情形中所看到的。与那里的情形不同，无论愿意付出多少代价，我们都不能换取真理基于反思的完全闭合。为什么不能呢？让我们再一次审视算术证明的情形。在那里，闭合的实现依赖于问题中主题的特定性。我们依赖于算术中对真理的先验解释，并以各种不同方式将其编码入证明系统中以达到闭合。即使这样也只提供了一种非常弱的闭合形式。我们依赖的是关于算术一阶语言的真理解释，而不是关于自然数的任一真理。我们用来实现该语言完全

---

① 在我的装置中，层级中的一步对应于从 $HY P_M$ 到 $HY P_{<M,P>}$ 的那一步，其中 P 是归纳的和非超初等的。我相信这对应于我们在从 TP 到 $TP + RFN_{TP}$ 的那一步已看到的那种克雷赛尔型反思。这扩充了适合于表达可靠性的资源，但与我们开始时所用的术语相同。它使用与 HYP 相同的基本构造，但具有最终提供更长有效迭代的扩充了的底层结构。

② 在观察到说谎者语句不在最小不动点中时，我们注意到它在克里普克的意义上是无根基的。在克里普克自己的讨论中，他说该概念和说谎者语句不真的结论"属于元语言"。cf. Kripke, S. , "Outline of a Theory of Truth", *Journal of Philosophy*, 1975, 72, p. 80. 如我们所知，克里普克认为元语言产生于"最小不动点的产生程序之上"的反思。cf. Kripke, S. , "Outline of a Theory of Truth", *Journal of Philosophy*, 1975, 72, p. 80. 显然，克里普克的提议和我在此的断言存在某种相似性；但我相信，如果将所讨论的现象视为克雷赛尔型反思的一种，我们将获得更好的理解。

性的构造，展示了该语言所无法表达的关于数的事实。通过迭代反思来构建一个完全的理论，把我们引向一个至少 Π_1^1 的集合，或者一个在它之中递归的路径，二者中的任一个都超越了算术集合。因此，即使是对这些表面封闭的理论，也可以采取适当可定义性理论形式的克雷赛尔型反思。

克里普克构造未能真正给予我们闭合，这提醒我们，相较于为算术所做的，我们能为真理做的只会更少。真理概念是完全一般的，因此我们总能问及一个理论的真假或一个模型的正确性，也因此涉入了克雷赛尔型反思。在任何意义上，即便是在算术上使用的那种很弱的意义，都不能说已穷尽我们的主题而不再进一步研究了。一个模型可能是一个不动点，或像一阶算术那样对某个主题的整体进行编码，仅仅这些事实并不影响以上结论。我们仍能问及它的正确性，进而得到新的真理。该问题的复杂度可能会增长。例如，对最小不动点构造的反思要求我们问及一个 Π_1^1 完全的集合。但同样，由于真理是完全一般的，复杂度的增长不能终止克雷赛尔型反思。

总而言之，真理的克雷赛尔型本质并非证明论处理方式的产物。证明论的考察是澄清这种现象的良好途径，但正如真理概念是完全一般性的，真理概念对克雷赛尔型反思的敏感性也是完全一般性的。

五　结论

结束本文之前，让我们简单回顾一下我们一直在考察的一些更重要的反层级立场。

至少有两位学者（莱因哈特①和麦基②）讨论了这里的基本问题。尽管使用的理论略有不同，Reinhart 陈述了 Tr – RFN 的对应版本，并考虑了扩张其理论以包含它的步骤。当谈到他的反思原则的地位问题时，他将其描述为"关于普通语句的形式主义理论"。③

麦基的研究框架也和我在此使用的有所不同。他首先提出了两个概念：至

---

①　Cf. Reinhardt, W. N. , "Some Remarks on Extending and Interpreting Theories with a Partial Predicate for Truth", *Journal of Philosophical Logic*, 1986, 15, pp. 219 – 251.

②　Cf. McGee, V. , *Truth, Vagueness, and Paradox*, Indianapolis: Hackett, 1991.

③　Reinhardt, W. N. , "Some Remarks on Extending and Interpreting Theories with a Partial Predicate for Truth", *Journal of Philosophical Logic*, 1986, 15, p. 236.

少是形式上二值的真理，以及确定性真理（definite truth）。他提出了一个极其巧妙的、基于 $\mathfrak{A}$ – 逻辑可证性的确定性真理论（ω 逻辑向任意结构的推广）。像我在这里讨论过的形式问题也出现在他的框架中，它们类似于第二不完全性定理和适于确定性真理的勒伯定理。从麦基对它们的回应来看，我相信他在回应增强型说谎者难题时将注意到，在这些境况中，我们的理论不能把握我们期待它们去把握的一切。①

就他们对层级的否定而言，我没有看到莱因哈特或麦基如何充分解释克雷赛尔型反思而产生的原则所处的地位。正如我在第二节中论证的，这些原则必定是真的。我同意麦基的观点：形式理论往往不得不遗漏一些直觉上很显然的原则，这不是拒绝该理论的理由。但我也看不出这如何能够构成否认这些原则为真的理由，尤其是那些已被证实为真的原则。回想一下，这里的问题不是出于偶然或出于某种务实的选择，该理论只是不包括由克雷赛尔型反思而产生的原则。问题在于理论无法包括它们。我据此坚持认为，根据刚刚提出的观点，我们没办法弄清这些原则的真假或该理论的正确性。因此，尽管麦基显然会否认 Prov – Tr – RFN，② 但我不认为这是一个站得住脚的立场。这同样适用于莱因哈特的立场（至少以我对他关于"形式主义"原则的想法的理解）。

我对莱因哈特和麦基的反对意见是，根据他们自己的观点，我发现他们赋予克雷赛尔型反思结果的地位是神秘的。但是，我有方法以我的方式理解他们的观点。莱因哈特明确指出，添加相关反思原则所得的理论强于他的初始（和首选）理论。麦基指出，给定一个固定了明确真理的部分性解释，提炼该解释是可能的。因此，在我看来，二者都在一定程度上同意相关概念的克雷赛尔型本质。由于我认为真理分层的意义恰恰在于它是克雷赛尔型概念，我邀请他们认可真理的层级本质。一旦达成一致，我就能用自己的术语以看上去很合理的方式解释他们的建议。莱因哈特的纯粹形式范畴十分紧密地对应于我的第二层面，直接由克雷赛尔型反思产生。麦基关于提炼解释的想法似乎包含克雷赛尔型反思在层级中的推进，但可能更加广泛，因为它还包含彻底的概念转换。

我已论证，真理的层级本质在于它是一个克雷赛尔型概念。层级中的步骤由克雷赛尔型反思做出。从证明论角度出发，这是由从 *TP* 到 *TP* + RFN$_{TP}$ 的那

---

① McGee, V., *Truth, Vagueness, and Paradox*, Indianapolis：Hackett, 1991, p. 280.
② 我认为这从他的立场上来说是相当清楚的，但他也在谈话中向我证实了这一点。

一步精确建模的。我已承认，这个刻画不是完全一般的，因为它不能应用于自然语言，但我也论证了，真理的克雷赛尔型本质是完全一般的。其他一些围绕说谎者悖论的工作可理解为研究自然语言环境中的克雷赛尔型反思。我相信，帕森斯关于"解释模式"① 的反思的想法，最好以此方式进行理解。对于自然语言中强化说谎者推理所涉及的语境转变方式，我将提供自己的分析作为一个更精炼的理论。但我仍坚持认为，真理分层的基本意义全然在于它是一个克雷赛尔型概念。

［本文译自 *Synthese*，Vol. 142，No. 3，林静霞译，译者单位：汕头大学马克思主义学院。本译文为国家社科基金重大项目（编号18ZDA031）的阶段性成果。］

（本文编辑：张顺）

Truth, Reflection, and Hierarchies

Michael GLANZBERG

Abstract: A common objection to hierarchical approaches to truth is that they *fragment* the concept of truth. This paper defends hierarchical approaches in general against the objection of fragmentation. It argues that the fragmentation required is familiar and unproblematic, via a comparison with *mathematical proof*. Furthermore, it offers an explanation of the source and nature of fragmentation of truth. Fragmentation arises because the concept exhibits a kind of failure of closure under *reflection*. This paper offers a more precise characterization of the reflection involved, first in the setting of formal theories of truth, and then in a more general setting.

Keywords: Truth; Reflection; Hierarchy; Liar Paradox; Proof

---

① Parsons, C. , "The Liar Paradox", *Journal of Philosophical Logic*, 1974, 3, p. 250.

从局部描述论到半描述论

陈吉胜

（华中师范大学马克思主义学院）

摘　要：索姆斯认识到克里普克的语义理论体系可能容纳一种具有描述主义性质的名称理论，即局部描述论。索姆斯对局部描述论的反驳虽不够彻底，但揭示了该理论的根本缺陷：混淆了认识论与本体论。半描述论可被看作是在"逻辑行动主义方法论"框架内对局部描述论的一种调整与修正。在坚持认识论与本体论划分前提下，半描述论可对"先验偶然真理"与"后验必然真理"做出重新解读。

关键词：局部描述论；半描述论；认知语境；形上语境

索姆斯（Scott Soames）明确指出：在《命名与必然性》中，克里普克在密尔主义与描述主义之间表现出了摇摆性。[①]因此，他十分敏锐地意识到，克里普克的意义理论框架可容纳一种局部描述论（partially descriptive theory）：名称既具有严格性，又具有含义。作为一个彻底的直接指称主义者，索姆斯对局部描述理论给予了坚决的驳斥。[②] 在理顺索姆斯有关局部描述论建构思路的基础之上，本文分析指出：索姆斯所给出的局部描述论本就存在缺陷。半描述论可看作在"逻辑行动主义方法论"框架内对局部描述论的一种调整与修正，它不仅规避了局部描述论的内在缺陷，同时也合理地吸收了克里普克语义学与描述主义语义学的优势，是解决传统语言哲学疑难的可能路径。

---

① S. Soames, *Reference and Description*. Princeton and Oxford：Princeton University Press，2005，pp. 21 – 22.

② S. Soames, *Beyond Rigidity*，New York：Oxford University Press，2002，pp. 110 – 130.

一 索姆斯对局部描述论的反驳

索姆斯首先给出了这样一种局部描述理论：

一个局部描述名字 n 同时与一个描述性质 P_D 和一个指称对象 o 相关联。指称对象 o 部分地由性质 P_D 决定，部分地被与决定通常非描述性名字的指称相同的非描述机制决定——例如，通过传递的历史链条回到 o。n 的语义内容包括 o 和 P_D。相对于"y"被赋值 o，由"n 是 F"所表达的命题与由"[the x：Dx & x = y]Fx"所表达的命题相同。这个命题在 w 中是真的，当且仅当 o 在 w 中具有由 D 和 F 表达的性质。相信这个命题就是相信，关于 o 它有这两种性质。[①]

根据上述的界定，索姆斯给出了一些局部描述名字的实例，如"普林斯顿大学"等，它们遵守以下模态规则：

> 1a. 如果 n 是一个指示 o 的名字，那么，相对于任何可能世界，n 永远不会指示 o 之外的其他东西。
> 1b. 如果 n 和 m 都是名字，并且 n = m 是真的，那么，必然如下：如果 n 与 m 存在，那么，n = m 是真的。

它们也遵守以下认知（epistemic）规则：

> 如果 n 是指示对象 o 的名字，那么，相信"n 是 F"语义上所表达的命题，关涉相信：关于 o，它"是 F"。

不难看出，这里所定义的局部描述性名字具备了严格指示词的基本语义与信念归属特征。但索姆斯强调，"普林斯顿大学"这样的名字不是确切意义上的严格指示词。他认为，类似于这样的名字不是借助于在模态语境中的宽域理解（从而具备严格性），就是借助于名字本身的语言结构（从而具备含义），但通常的专名之所以是确切意义上的严格指示词（如"克里普克"），是因为它不需要借助于宽域解读这种辅助手段就具备严格性，并且其语言结构本身也不自带某种含义。

[①] S. Soames, *Beyond Rigidity*, New York：Oxford University Press, 2002, p. 53.

索姆斯也承认，可能某些通常的名字确实不需要借助本身的语言结构，就具有局部描述性的含义。典型例子是"长庚星"与"启明星"。人们通过"它出现于夜晚的天空"习得了"长庚星"这个名字。但索姆斯仍然不认为这样的名字是局部描述性的，其给出的反驳大体如下：假设在某个世界 w 中，金星在清晨和夜晚都不可见，那么，以下两个陈述在 w 中是真的么？

2a. 长庚星是一个行星。

2b. [the x：x 是一个天体 & x = y & x 在夜晚天空可见](x 是一个行星)。

索姆斯指出，如果 2b 所表达的命题是"长庚星是一颗行星"（相对于"y"被赋值金星），那么，2a 在 w 中就不是真的。因为根据局部描述论，在每个可能世界中，描述性含义"在夜晚的天空中出现"都与名字"长庚星"相伴，但在 w 中金星不满足这样的含义。

索姆斯拒斥前述局部描述论，但他指出，有两个替代性选择。第一，将"长庚星"当作通常的名字，即其语义内容就是它的指称对象。在这一策略下，相关的描述性信息被处理为语用信息。显然，该替代方案并不是一个纯粹的语义理论。第二，可对前述的局部描述理论加以改进，如下：

一个局部描述性名字的语义内容，是由其指称对象 o 以及一个被说话者将其与 n 关联起来的描述性质 D – hood 构成的偶对。语句"n 是 F"表达的命题是 <<D – hood, o >, F – hood >。该命题在任一可能世界 w 中是真的，当且仅当 o 在 w 中具有性质 F – hood（无论在 w 中是否具 D – hood）。但是，相信这个命题，就是将 o 归属于同时具有性质 D – hood 和 F – hood。①

可以看出，这个改进版本的局部描述论与旧版本的关键不同在于：在真值语境当中，不再要求某个特定的描述性质与名字始终关联，或者说该描述性质并不是在每个可能世界中都与该名字关联——但在信念语境中，仍然要求特定的性质与相应的名字保持关联——这样，索姆斯之前针对旧版本提出的反驳论证在这里就不再成立。索姆斯仍然反对改进版本的局部描述论，并给出三个反

---

① S. Soames, *Beyond Rigidity*, New York：Oxford University Press, 2002, pp. 124 – 125.

驳论证。

第一个论证。假设在某个世界 w 中，金星在清晨可见但在夜晚都不可见，夜晚可见的是其他天体。再假设 w 的天文学不是很发达，生活在 w 的居民拉尔夫错误地相信清晨可见的天体就是夜晚可见的天体。现在思考 3 在 w 中的真值：

    3. 拉尔夫相信：长庚星是一颗行星。

根据改进的局部描述论，3 以及拉尔夫相信的命题 2a 都是真的；但为了使 3 以及 2a 是真的，拉尔夫相信了某些错误的东西，即金星在夜晚可见。

第二个论证。假设在某个可能世界中，金星在夜晚不可见，并且说话者知道这一点。如果改进版的局部描述论是正确的，那么，很难说清楚下面这句话究竟错在哪里（假设名字"长庚星"与摹状词"夜晚天空可见的那个天体"相关联）：

    4. 长庚星是行星，但是我不相信长庚星是行星。

第三个论证。根据 T–模式，可以构造 5：

    5. 英语语句"长庚星是一颗行星"是真的，当且仅当，长庚星是一颗行星。

考虑这样一个可能世界，在其中，金星夜晚不可见。如果改进版局部描述论是正确的，那么，对一个主体来说，相信 5 就是相信 6：

    6. 英语语句"长庚星是一颗行星"是真的，当且仅当，[the x：x 是一个天体 & x = y & x 在夜晚可见]（x 是一个行星）。

然而，6 在上述所设定的可能世界中是假的（相对于"y"被赋值金星），一个足够理性的说话者是不会相信 6 的。因此，该说话者可以真诚地断言 7：

    7. 我不相信："长庚星是一颗行星"这个英语句子是真的，当且仅当，长庚星是一颗行星。

由于以上三个论证显示了改进版局部描述论的某些反直觉结果，因此，索姆斯总结性地指出：该理论引入的描述性信息实质地影响什么被相信，或者什么是被一个命题所断言的，但与真值条件却丝毫不相关；如果没有原则性的解释，那么该理论不过是一种特设性理论。

二　局部描述论的根本缺陷

正如索姆斯指出的，名称的描述性不应该诉诸语言结构本身。其一，这样的策略缺乏普适性；其二，这并不是语义学视角。名称的描述性也不应该诉诸某种"恒定"的含义，即在每个世界中名称都与该含义相关联，因为克里普克的模态论证已经表明：这样的含义是不存在的。但是，索姆斯给出的局部描述论改进版也存在缺陷，而这个缺陷恰恰是由他的三个反驳论证揭示出来的。

第一个论证。索姆斯认为：如果拉尔夫要相信"长庚星是一颗行星"这个真命题，那么就必须相信错误的东西：金星在夜晚可见。但问题是，拉尔夫究竟用的是他自己的语言还是我们的语言。克里普克承认，在某些证据相同的认知情境中，同一个语言符号可能命名给不同的对象，从而属于两种不同的语言。① 在拉尔夫的世界中，如果与名字"长庚星"（不要过于关注名字本身的语言要素是否传达了某种信息，也可以把"长庚星"替换为"a"）相关联的描述性含义是"夜晚天空中的那颗天体"，那么，若是用拉尔夫自己的语言，他如何将"长庚星"命名给金星（金星夜晚是不可见的）？若是用我们的语言，即"长庚星"是金星的严格指示词，那么它又如何与含义"夜晚天空中的那个天体"相关联（金星夜晚是不可见的）？当然，索姆斯还假设了拉尔夫错误地相信夜晚出现的那个天体（某个金星之外的天体）就是清晨出现的那个天体（金星），那就可能是这样：这个"错误"使得拉尔夫将"长庚星"（按照我们的语言）与含义"夜晚天空中的那个天体"相关联，或者，拉尔夫将"长庚星"命名给了金星（按照他自己的语言）。但明显的是，这个"错误"不是语义理论导致的错误，而是拉尔夫认知上的错误；再退一步，这个"错误"是索姆斯提出

---

① S. Kripke, *Naming and Necessity*, New York: Oxford University Press, 1980, pp. 104 – 105.

该反驳论证的一个假设前提。所以，在拉尔夫的世界中，或者"长庚星是一颗行星"不是一个关于金星的命题，或者是索姆斯的假设前提导致拉尔夫必须相信某些错误的东西。

第二个论证。索姆斯预设名字"长庚星"与摹状词"夜晚天空中的那个天体"相关联。由于金星在夜晚根本不出现，所以，只有两种可能：一是"长庚星"是金星的名字，但是在该世界中，说话者不能将"夜晚天空中出现于那个位置的天体"关联给"长庚星"，因为说话者知道金星在夜晚不可见；二是"长庚星"不是金星的名字。显然，这两种可能都与该论证的前提条件相冲突。

第三个论证。该论证不过是第二个论证的某种翻版，因此，它与第二个论证面临同样的困境：既然已经假设金星夜晚不可见，那么，"夜晚可见的那个天体"就不会是"长庚星"的含义。

上述分析表明，索姆斯的三个反驳论证始终存在真值语境与信念语境的冲突。形成这一冲突的可能原因有两个：一是索姆斯确实混淆了真值语境与信念语境，这也就使其反驳论证失去了效力；二是索姆斯本就意图呈现这种混淆——因为这种混淆是改进版的局部描述论所导致的，从而说明改进版的局部描述论不成立。显然，第二个原因更为合理。实际上，真值语境与信念语境的冲突的确源于改进版的局部描述论的内在"矛盾"：在真值语境中，名字 n 并不必在每个可能世界中都与 D‒hood 相关联；而在信念语境中，名字 n 在每个可能世界中都与 D‒hood 相关联。但是，这个改进版的局部描述论是索姆斯给出的，也就是说，索姆斯所给出的改进版局部描述论实质上是一种混合的语义学。然而，不管是面对真值语境，还是信念语境，任何一种语义学都应当给出统一的处理模式，否则就无法回应索姆斯所指出的特设性嫌疑。例如，克里普克通过模态论证（对应于真值语境）表明专名是严格指示词，但认知论证（如"施密特—哥德尔"思想实验）同样表明专名在信念语境中保持严格性特征。

以上只表明索姆斯给出的局部描述论存在缺陷，并不意味着局部描述论本身无药可救，沿着上述分析思路，可以将改进版的局部描述论进一步修正如下：

> 一个局部描述性名字 n 的语义内容是由它的指称对象 o，以及一个与 n 关联起来的描述性质 D‒hood 构成的序偶。语句"n 是 F"表达的命题是 <<D‒hood, o>, F‒hood >。这个命题在任意一个可能世界 w 中是真的，当且仅当 o 在 w 中具有性质 F‒hood。相信这个命题就是将 o 归属于同时具有

性质 D－hood 和 F－hood。D 是性质变元，它的实际赋值依赖言说发生的世界以及说话者。

暂且称这个版本的局部描述论为"终极版局部描述论"。以下是一些补充说明。首先，将某个或某些描述性信息与名字关联起来的不完全取决于说话者，而是由说话者与言说发生的世界共同决定的，且后者处于更根本的地位。例如，如果亚里士多德根本没有做过亚历山大的老师，那么，在不发生认知错误的前提下，人们一般不会将该描述性信息与"亚里士多德"关联。其次，"D 是性质变元"强调 D 并不是固定地指示某个性质，因为在不同的世界中，同一个对象可以表现出不同的性质，即与相应的名字所关联的性质也可发生变化。

终极版局部描述论与改进版局部描述论相比，它不再要求特定的性质与名称在每一个世界中都关联。其实克里普克的"先验偶然真理"已经说明了这一点，例如，"长庚星是夜晚天空中出现的那个天体"对于我们来说是先验真的，但并不意味着对于生活在另一个可能世界中的人也是先验真的（如在该世界中长庚星在夜晚根本不出现）。终极版局部描述论不再陷入真值语境与信念语境的冲突之中，但它仍然存在形上学与认识论的混淆。局部描述论（不管哪一版本）既承认名称具有严格性，又承认名称具有含义。严格性则表现了名称在形上语境中的特征，而含义则表现了名称在认知语境中的特征。可问题在于，在形上语境中名称的含义失语，而在认知语境中名称的严格性失效（克里普克的"信念之谜"就是对此最好的例证）。这也就是索姆斯所指出的特设性问题。需要补充的是，这里的特设性不仅应针对含义，也应针对严格性。如果说描述性信息只对认知语境负责而不对真值语境负责，那么，严格性也有特设性嫌疑，因为严格性只对真值语境负责，而不对认知语境负责。局部描述论的这种层次混淆，尤其体现在"先验偶然真理"与"后验必然真理"（本文的讨论仅限于专名型）的构建中。

"先验偶然真理"与"后验必然真理"概念的重要意义在于：如果它们成立，则证明先验性与必然性不是共外延的概念，也就证明了克里普克划分认识论与形上学的正确性。但是，两类真理的构建仅仅依靠严格指示词是不够的，因为严格指示词只能够说明"先验偶然真理"的偶然性与"后验必然真理"的必然性，却不能够说明先验性/后验性。因果链条理论也于事无补，所以，克里普克在一定程度上接受描述的指称论（含义只是用来固定名称的指称对象，而不提供意义）。

局部描述论不过是描述指称论的某种变形，其实质内容是一致的：名称是严格指示词，同时具有含义。但显然的是，含义在这里不是一种语义成分，而是一种语用或元语义机制。事实上，包括索姆斯在内的不少学者都认为"后验必然真理"混淆了语义与元语义或语用层面。例如，"长庚星是启明星"这一命题的经验性被归结为命题"'长庚星'与'启明星'命名同一个对象"的经验性。依据这一思路，"先验偶然真理"同样有层次混淆的问题。以命题"长庚星是夜晚天空可见的那个天体"为例，该命题的先验性来源于如下命题："'长庚星'命名了夜晚天空可见的那个天体"。

"先验偶然真理"与"后验必然真理"所面临的层次混淆困境并不意味着克里普克有关形上学与认识论的划分是错误的，这只说明两类真理所依赖的语义学有问题。也就是说，作为一种严格指示词理论与描述理论的混合体，局部描述论是不成功的，混淆形上学与认识论是其难以避免的内在缺陷。

三 逻辑行动主义视域下的半描述论

既要区分形上学与认识论，又要找到能够统一处理真值语境与信念语境的语义理论，这似乎陷入了一种自相矛盾。但问题产生的根源在于，不应仅仅区分形上学与认识论，还要找到二者关联的机制。正是以此问题为重要背景之一，张建军提出了"逻辑行动主义方法论"，其基本构架可展示如下图：[1][2]

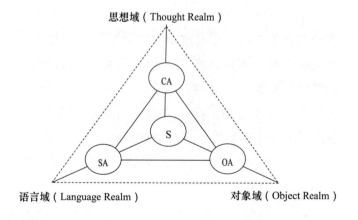

① 张建军：《逻辑行动主义方法论构图》，《学术月刊》2008 年第 8 期。
② 张建军等：《当代逻辑哲学前沿问题研究》，人民出版社 2014 年版，第 593—615 页。

图中是两个嵌套的三角形。中心圆圈代表认知与行动主体（subject）。外层三角形的三个角分别代表"语言域""思想域"和"对象域"；内层三角形的三个角居于主体与三个"域"之间，分别代表 SA（Speech Action，言语行动）、CA（Conscious Action，意识行动）、OA（Objective Action，客观行动）。客观行动即马克思主义哲学中的"实践"。图中虚线表示三个"域"之间没有直接连通的路径，实线表明三种行动是互相连通的。逻辑行动主义方法论严格界划了语言域、思想域、对象域，并阐明了"三域"之间的关联机制：以客观行动为基础的三重行动。要注意的是，这种划分不是本体论上的划分，而是行动论、认识论、语言论上的划分，语言、思想、主体、行动都可被置入"对象域"之中。

在逻辑行动主义方法论的框架内，"意义"被划分为"语言域中的意义"与"思想域中的意义"：前者由语言域中的指称与含义（作为思想域的表达）构成，后者由思想域中的内涵与外延（作为对象域的表征）构成。"语意"与"思意"之分是理所当然的，本文为了讨论之方便，暂且假设语言域与思想域的透明性。逻辑行动主义方法论主张语言之意义由指称与含义构成，这看似是一种传统观点，但与传统理解有重要差别：在传统描述理论中，含义是决定指称的。在直接指称理论中，只有指称而无含义。逻辑行动主义方法论对"指称"与"含义"的理解与一般理解的不同主要表现在技术与理论两个方面。其一，在技术层面上，逻辑行动主义方法论主张将"指称"限制在语言域，即对所指对象的指称性表达。正如上述的几种理论，学界的讨论中在多数情况下将"指称"理解为对象本身，但有时也会将其理解为"指称性表达"，这明显是一种层次混淆的表现。因此，将"指称"限制在语言域，不仅有利于规范术语的使用，更有利于揭示"语意"的结构。其二，在理论层面上：一是强调指称与含义并重，二者之间不存在"决定与被决定"的关系；二是主张专名的含义未必由限定摹状词给出，刻画类属性的非限定摹状词也可以。基于上述理论特征，逻辑行动主义方法论框架下的名称理论被称作"半描述论"（Semi-descriptive Theory）。[1][2]

半描述论可以看作是局部描述论在逻辑行动主义方法论框架内的一种调整

---

[1] 张建军等：《当代逻辑哲学前沿问题研究》，人民出版社 2014 年版，第 611—613 页。

[2] 张建军：《摹状、规范与半描述论》，《清华大学学报》（哲学社会科学版）2016 年第 1 期。

与修正，因为半描述论同样承认名称是严格指示词，并且名称有含义。与局部描述论不同的是，半描述论对名称的严格性与含义性都有新的合理认识，从而能够避免真值语境（形上语境）与信念语境（认知语境）的冲突。局部描述论陷入困境的根本原因在于它没有认识到：虽然名字的指称是对对象的表达，但这种表达不是直接的，而是存在于行动中介的；行动中介使得语言对对象的表达存在可错性，这种可错性又可以通过实践（面向对象域的客观行动）得以纠正。克里普克曾以勒维耶对海王星的发现为例说明"先验偶然真理"，但同样是勒维耶，其对"火神星"的发现就是失败的。这表明，名称的指称首先表达了一种理论或思想实体，只有在进一步的认知行动和客观行动中确立其本体来源，才能使该名称成为一个真正的严格指示词。换句话说，人们以先验的方式所获知的确实只是"海王星"命名了引起天王星轨道摄动的那个天体这个语义事实，而不是海王星引起天王星轨道摄动这个客观事实本身。而在"后验必然真理"的情况中，人们以经验的方式所发现的确实是"长庚星"与"启明星"命名同一个对象的语义或理论事实，而非金星是金星这个客观事实，其原因就在于"长庚星"与"启明星"的指称是一种理论或思想实体，而不是对象本身。所以，在认知语境中，命题"'海王星'命名了引起天王星轨道摄动的那个天体"与命题"海王星引起天王星轨道摄动"认识论性质相同，命题"'长庚星'与'启明星'命名了同一个天体"与命题"长庚星是启明星"认识论性质相同。

认知语境与形上语境的区分是必要的，它是克里普克区分认识论与本体论的一个显见推论。但在逻辑行动主义方法论框架内，形上语境不过是认知语境的形上化结果。如前文所指出的，行动中介的存在使得语言对对象的表达存在可错性，而这种可错性又可以被行动所纠正。假如当前某些科学家仍然不相信火神星是不存在的，并且也无法明确指出火神星究竟是什么，那么对于他们来说，"火神星存在"只是处于一种信念语境之中；而若他们决定接受较为通行的结论，即火神星不存在，或者他们拿出足够的证据证明火神星存在，那么，"火神星存在"对于他们来说就处在形上语境之中。一旦认知语境转化为形上语境，元语义命题也就转换为语义命题，认知命题也就转换为形上学命题。由此也就明了，"先验偶然真理"与"后验必然真理"并不是一种合法的存在，其实质是：伴随着认知语境向形上语境的转化，表达思想或理论实体的命题转换为表征客观对象或事态的命题。但克里普克忽视了语境的转化，将不同语境中的不同命题捏合成一种本不应存在的"复合"命题。

如果说形上语境不过是认知语境的形上化，那么，有人可能会提出疑问：形上语境还是客观实在的吗？这里有两个问题需要澄清：第一，形上语境并不就是彻底主体无涉的，而关涉主体并不意味着形上语境就失去了客观实在性；第二，认知语境向形上学语境的转化是以人的实践为基础的三重行动的结果，而三重行动本身是客观实在的。

四　余论

克里普克并不彻底的反描述主义立场使得其语义理论体系可能容纳一种兼具克里普克式语义特征与描述主义特征的名称理论。索姆斯敏锐地观察到了这一点，将这样一种理论引出并命名为"局部描述论"。当然，索姆斯作为一位直接指称主义者，其目的不是发扬局部描述论，而是试图将其扼杀于摇篮之中。也正是索姆斯的反驳论证揭示了局部描述论的根本缺陷：混淆了本体论与认识论。局部描述论失败的原因在于它只是在克里普克语义学与描述主义语义学之间做了一个简单的"加法"。

半描述论也是对克里普克语义学反思的一个重要成果，但它不是克里普克语义学与描述主义语义学的简单相加，而是在逻辑行动主义方法论框架内对已有语义理论的一种建构式整合。半描述论的重要价值不仅在于探寻语义理论发展的"第三条"出路，更在于对一些重要哲学疑难的解决。克里普克起初之所以对描述理论留有一丝余地，一个重要原因就在于他意识到认知语境所带来的疑难，其中最著名的认知疑难之一就是他本人提出的"信念之谜"。不过，克里普克又论证指出，无论是描述主义理论还是反描述主义理论，都无法解决信念之谜。根据半描述论，克里普克"信念之谜"有两个症结：一是混淆了认知语境与形上语境；二是未能认识到名称的指称首先表达的是一种思想或信念实体，而不是对象本身。把握住此二症结，化解"信念之谜"并非难事。

此外，半描述论在空名疑难、意义的外在主义与内在主义之争以及量词解释等问题上均有重要启发价值，这里不再一一阐述。作为一种新型意义理论，半描述论尚在进一步系统构建与完善之中。

（本文编辑：顿新国）

From the Partially Descriptive Theory to the
Semi-descriptive Theory

CHEN Ji-sheng

Abstract: Soames recognizes that Kripke's meaning theory can accommodate the partially descriptive theory which belongs to descriptivism. Soames' objection to partially descriptive theory is not perfect, but it indicates the fundamental default of the theory: confounding epistemology and ontology. The semi-descriptive theory can be thought as an adjustment correction to the partially descriptive theory in the frame of methodology of logical actionism. The semi-descriptive theory can re-interpret contingent a priori truth and necessary a posteriori truth, provided the distinction between epistemology and ontology.

Keywords: Partially Descriptive Theory; Semi-descriptive Theory; Epistemic Context; Metaphysical Context

量子因果异常的多值逻辑化解路径探析

薛 飞

（荷兰阿姆斯特丹大学逻辑、语言与计算研究所）

摘 要："量子因果异常"产生于涉及量子实体语言描述的量子力学解释之中。赖欣巴哈为此提出了引入"不确定"值的三值逻辑方案建立量子力学语言框架，开辟了化解异常的多值逻辑路径。这种三值逻辑方案具有比较强大的解释力和宽广的适用范围，但源于对其"特设性""繁复性"及"不确定"概念的模糊性的不满，更多多值逻辑方案和"准多值"逻辑方案相继产生。然而在以往的研究中对多值逻辑路径的理论源头和赖欣巴哈方案的价值缺乏深度把握。以理论应用范围和发展理路为导向，进一步审视三值逻辑、无穷值逻辑和以概率解释为基础的"准多值"逻辑等方案的历史—理论关联，将为化解因果异常提供新的视野。而量子逻辑的建构是否能比较圆满地处理因果异常陈述，亦成为检验各类路径比较优势的试金石。

关键词：量子力学语言；非经典逻辑；因果异常

自 1900 年量子论诞生后，其理论体系的数学形式总是以一种先驱者的姿态出现，量子理论的合理解释相对滞后。1926 年，在矩阵力学和波动力学相继提出、量子力学接替旧量子论之后，玻恩（Max Born）提出了波函数的概率解释，由此开启了围绕量子力学哲学解释的世纪之争。在量子力学中，出现了大量"反常"现象，这些现象不仅关系到物理理论的补充与修正，也迫使人们思考经典逻辑的补充与修正。在这样的背景下，赖欣巴哈（Hans Reichenbach）的《量子力学的哲学基础》①（以下简称《基础》）一书应运而生。赖欣巴哈清楚地区分了对实验数据进行客观陈述的语言（即观测语言）和对量

---

① ［德］汉斯·赖欣巴哈：《量子力学的哲学基础》，侯德彭译，商务印书馆 2015 年版。

子力学实验结果进行解释的语言（即量子力学语言），并尝试用三值逻辑合理刻画量子力学语言。虽然该逻辑系统基于不确定关系、并协原理（又称互补原理）等哥本哈根诠释的核心理念，但是又和哥本哈根诠释不完全相同。赖欣巴哈认为，在观测语言中，并协原理很容易被理解；一旦涉及量子实体的语言描述，无论是用微粒解释还是用波动解释，却都会产生因果异常。这类在量子力学解释中出现的因果异常被称为"量子因果异常"。为化解量子因果异常，赖欣巴哈提出了作为中立解释的三值量子力学语言，并明确将三值逻辑作为化解异常的形式工具。赖欣巴哈的化解方案在形式化层面上无疑是成功的，但是由于其存在"特设性"与"繁复性"缺陷，迄今仍难以在哲学界与物理学界达成共识，由此也催生了其他关于量子逻辑的多值化或准多值化探究路径。系统探析赖欣巴哈三值逻辑化解方案及其后续发展，对于进一步探究能够成功化解量子因果异常乃至成功刻画量子力学的量子逻辑，无疑具有重要意义。

一　量子力学解释中的因果异常

虽然对赖欣巴哈三值系统进行介绍的文献并不在少数，但往往脱离其建构来源而着重考察其形式，难以切中肯綮。纵观《基础》一书，三值量子逻辑系统因解释因果异常而生，应用范围也仅限于涉及量子力学语言的命题，因而绝不能抛弃构建该逻辑的目的和应用范围而空谈其合法性与合理性。笔者认为，赖欣巴哈三值量子逻辑的产生基础仍需进一步厘清，如此才能避免解读和运用不当，并明确其与其他多值化解路径的关系。

（一）观测语言与量子力学语言的区分

划清观测语言和量子力学语言的界限，无疑是赖欣巴哈的一大重要贡献。这种划界启发于"双缝干涉实验"。该实验涉及两种现象：首先是可直接从宏观设备中读数的，在此指的是接收屏上的图像，称之为"现象"；其次是不可观测的事件，在此指的是辐射源产生的粒子通过狭缝到达屏幕的运动过程，称之为"中间现象"。在对现象进行直接陈述的时候，不会出现任何有争议的语句，可以表述如："进行了对 u 的测量，测量仪器指示出的数值为 u_i"，类似的陈述属于观测语言。而一旦涉及对量子力学系统的中间现象的陈述时，因果异常就会产生。①

正因为微观粒子运动具有波粒二象性，所以同时用微粒解释和波动解释去阐述微粒的运动状态本应该都没有问题。实验中，当仅仅打开光栅处的一个狭缝，并且辐射源以极低的强度辐射粒子时，接收屏上逐个出现闪光点，如果用微粒解释，则可以说粒子按照直线运动，由于碰撞改变轨迹，最终落到接收屏的不同位置；如果在这种情况下用波动解释，则可以说粒子在中间状态时原本布满在一个半球面上，在接触到屏幕的瞬间坍缩到一个特定点时，其他位置的点瞬间消失。这里的因果异常，在爱因斯坦等人提出 EPR 悖论的论文中也被指出，即"幽灵般的超距作用"② ——信息仿佛瞬间传递到了球面的各个位置。当在光栅中打开两个狭缝时，屏幕上会出现明暗相间的干涉条纹，此时波动解释体现出了优势，微粒解释出现了因果异常：双缝分别打开的图案的叠加与一起打开的图案不吻合。由此可见，虽然粒子的运动同时具有波动性和粒子性，但是波动解释和微粒解释却不能运用在同一次解释中。

赖欣巴哈认为，微粒解释和波动解释在这里都包含在"量子力学语言"的范围内。量子力学语言一般可以表述为："实体 u 在测量中的运动规律为 d_u 或实体 u 在测量后的数值是 u_i"。观测语言和量子力学语言之间的区别与关联的澄清，使人们明确了量子因果异常产生于量子力学语言。问题求解在于从量子力学语言中找到某种不会导出因果异常的描述方式，而并非纠结于客观的物理读数。

（二）并协陈述的反因果体现

双缝干涉实验可作为并协原理的典型示例。微观粒子的运动具有波粒二象性，在对实验进行解释时两种性质缺一不可，而波动解释与微粒解释又不可在同一次解释中出现，因此称这两种陈述是"并协的"。同样，还有对所有的不可对易物理量的陈述，如"位置与动量""时间与能量"等。不确定关系 Δx

---

① 基于玻尔等人引入的"有限解释"这一概念，赖欣巴哈区分了详尽解释和有限解释，将"放弃一切中间现象描述的"称为有限解释，如他的三值逻辑解释；反之则为详尽解释，如"贯彻到底的微粒解释和波动解释"。这两个概念同时依托"中间现象"这一概念，并且对有限解释中最为重要的三值逻辑解释、详尽解释中最为重要的微粒解释和波动解释在本文中也都做了详细阐述，因此详尽解释和有限解释的区分在本文中不再多做介绍。

② A. Einstein, B. Podolsky, N. Rosen, "Can Quantum-mechanical Description of Physical Reality be Considered Complete?", *Physical review*, 1935, 47（10）：777-780.

$\Delta P_x \geq \hbar /2$ 的直接推论是：位置与动能均不能被确定，当其中一个数值越精准时，另一个数值的误差就会越大，由此，如果运用量子力学语言，在陈述"实体在测量瞬后的数值是 u_x"的同时做出另外一个陈述"实体在该次测量瞬后的不可对易物理量的数值是 u_p"，那么后者的真值无法判定。

通过量子力学基本原理导出的不确定关系，告诉我们上述第二个陈述的存在并非偶然，也永远无法在任何条件下得到验证。该类陈述的存在给经典二值逻辑提出了一个巨大难题：如果将以上两个陈述合取，二值逻辑告诉我们，对于第二个陈述，我们仅仅是"不知道"其确定的真值，但知道它非真即假；一旦这个陈述被确定为真或假，主合取式的真值则会被唯一确定。而量子力学语言的另一个因果异常体现在，"这个陈述被确定为真或假"这句话是无意义的；甚至，非真即假的二值排中律在此也是无效的。由此导致的直接后果便是，在使用经典二值逻辑的理论系统中，我们只能保留观测语言，量子力学语言中的不可对易物理量的陈述无法被形式化地表示出来。

综上所述，赖欣巴哈认为"波的消失过程""狭缝对粒子运动的影响过程"和"并协实体同时数值的陈述"均表现出因果异常。那么要化解量子因果异常，就必须找到一个能合理阐释这三个因果异常表现的方案。

二　赖欣巴哈的三值逻辑方案

（一）三值逻辑的形式化建构

二值排中律在并协陈述中失效使赖欣巴哈很自然地想到对二值逻辑进行修补。其最为核心的观点就是让不确定关系和并协原理中的"不确定"合法地出现在逻辑系统的语义中，即增加"不确定"作为"真""假"外的第三值。不同于卢卡西维茨（Jan Lukasiewicz）和克林（Stephen Cole Kleene）等人的三值逻辑系统，赖欣巴哈的三值逻辑系统不仅在语义上做出了改变，在语法上（主要是联结词）也做出了重要改变，他定义了三种类型的否定、三种类型的蕴涵和两种等值符。（详见表 1）

表1 赖欣巴哈三值逻辑系统真值

A	$\sim A$ 循环否定	$-A$ 直接否定	$\bar{A}$ 完全否定
T	I	F	I
I	F	I	T
F	T	T	T

A	B	$A \vee B$ 析取	$A \wedge B$ 合取	$A \supset B$ 标准蕴涵	$A \to B$ 二择一 蕴涵	$A \to B$ 准蕴涵	$A = B$ 二择一 等值	$A \equiv B$ 标准等值
T	T	T	T	T	T	T	T	T
T	I	T	I	I	F	I	I	F
T	F	T	F	F	F	F	F	F
I	T	T	I	T	T	I	I	F
I	I	I	I	T	T	T	T	T
I	F	I	F	I	T	I	I	F
F	T	T	F	T	T	I	F	F
F	I	I	F	T	T	I	I	F
F	F	F	F	T	T	I	T	T

可以看出，该系统定义出的联结词很多，因而其解释力非常强。其中，析取与合取的真值情况同卢卡西维茨的系统相同，但是否定、蕴涵和等值符的运用则更为灵活。不仅卢卡希维茨三值逻辑中的所有定理被保留了下来，甚至在卢氏系统中不是定理的排中律等也得到了表达，例如赖欣巴哈称之为"假排中律"的句法：$A \vee \bar{A}$，其中所用的就是完全否定符号，该否定符在刻画并协陈述时发挥了重要的作用。

形式化构建在《基础》和其他相关文献中都有丰富的介绍，本文不再赘述。但以往的研究往往忽视了该方案对并协陈述和量子力学语言命题的合理刻画，忽视了赖欣巴哈构建该系统的目的，这是本文所要着力澄清的。

（二）三值逻辑解释并协陈述

如前文所述，三值逻辑的形式化构建，旨在设法刻画所有并协陈述并使其中的因果异常被化解。就这一层面来说，赖欣巴哈成功做到了。在量子力学语言的范围内，如果一个命题被确定为真或者假，那么与该命题有并协关系的另一命题则必然是不确定的。因此，如果两个命题为并协的，可将其刻画为：

$$A \lor \sim A \rightarrow \sim \sim B$$

根据真值表判断，无论 A 是真或是假，要使这个蕴涵式成立，则 B 的真值一定是不确定的。进一步，将并协陈述与其必然推论同时刻画，可以得到：

$$(A \lor \sim A \rightarrow \sim \sim B) \rightarrow \overline{A \land B}$$

也就是说，如果两个陈述是并协的，则两个陈述的合取就不可能是真的。在蕴涵式右端赖欣巴哈用完全否定符来表述"不为真"概念。至此，不可对易物理量所表述的量子力学语言在三值逻辑系统中得到了刻画。

接下来就是消除中间现象解释之中并协的微粒解释和波动解释的因果异常。微粒解释的因果异常在于多狭缝干涉图案和单狭缝干涉图案的叠加无法吻合；波动解释的因果异常在于单狭缝实验时接收屏某一闪光点的确定会使波函数坍缩，出现超光速信息传递。

微粒解释之所以产生因果异常，是因为在宏观情况下，如果有 n 道缝隙，那么颗粒必定且仅会通过其中某一个狭缝 i，也就是说对于同一道缝隙，颗粒只有通过或者没通过两种情况，将这种情况类比到微观粒子，则会出现问题。在三值逻辑体系下，很方便理解这种类比的失效：假设有 n 道狭缝，令"某一颗粒通过第 i 道狭缝"为命题 F_i，则在宏观情况下，$F_1 \lor F_2 \lor F_3 \cdots \lor F_n$ 必定为真，且其中某一析取支为真，其余析取支为假。但是在微观情况下则不然，令"某一微观粒子通过第 i 道狭缝"为命题 H_i，那么 $H_1 \lor H_2 \lor H_3 \cdots \lor H_n$，根据赖欣巴哈的三值逻辑，所有的析取支都是不确定的；根据真值表，该语句的真值也是不确定的，因而用微粒解释分析每个狭缝粒子的通过情况，再进行整体叠加是不合法的。

用同样的方法分析波动解释。给定半球体 Q，粒子处于半球体 Q 之内，当把空间分为适当小 δq_i 时，令"某一微观粒子在空间 δq_i 中"为命题 G_i，那么宏观的类比使我们倾向于给出析取式：$G_1 \lor G_2 \lor G_3 \cdots \lor G_n$，同样在三值语言中这个陈述的真值是不确定的。因此，要具体地说粒子在某一空间中是不合法的。

如此，赖欣巴哈将可描述的范围划在了观测语言中，对于中间现象，则只能根据观测语言进行整体描述，如"粒子通过了狭缝""粒子位于半球体之内"等。而要对细节进行更详细地阐述，量子力学语言则被排除在合法语句之外。由此，在该层面上因果异常被成功化解。

（三）对 EPR 悖论的解释

爱因斯坦等人提出的 EPR 悖论基于如下思想实验。设想一个衰变的粒子分成了两个粒子，各自向反方向行进，二者在分开后没有直接的相互作用，但遵循守恒律，处于"纠缠态"。如果测量一个粒子的物理性质 u，那么能瞬间确定另一个粒子的物理性质 v，根据相对论，信息传递不可能超光速，即必须满足定域论，那么可能只有两个粒子在分开后，测量前的数值和测量时的数值是相同的。也就是说，在分开后已经确定了二者的状态。进而，爱因斯坦等人认为，物理属性对于一个实体而言本身不可能有不确定性，只不过是测量者无法确定而已，不存在一旦观测就立刻从非实在变成实在的可能，因而必须满足定域实在论。

赖欣巴哈指出，在保留宏观定域实在论的情况下，可以使用三值逻辑对 EPR 悖论中体现的因果异常进行化解。首先且最重要的是，当定域论从宏观类比到微观领域时，所用的二值逻辑必须用三值逻辑替代。因此，如果按照爱因斯坦等人的归谬论证，只能得到"测量前的数值和测量时的数值是不相同的"（令该语句为命题 A）不为真，而不能得到"测量前的数值和测量时的数值是相同的"（即命题 A 为假）。如前文所述，赖欣巴哈认为"不为真"的描述应该符合完全否定概念，因此命题 A 也可能是不确定的。如此，命题 A 的推论就是粒子在分开后的状态是不确定的，这符合量子力学语言与量子力学公设，定域论所引出的因果异常被化解。其次，针对实在论，爱因斯坦等人将宏观概念进行类比，认为如果微观粒子的属性不确定便不能作为物理实体而存在，这一观念更容易修正，其导致因果异常的原因是二值思维的套用——如果承认不确定是描述微观世界的语言中不可缺少的一个真值，那么不确定作为微观粒子的属性的存在状态也是可以理解的了。

（四）三值逻辑体系的适用性与繁复性

赖欣巴哈运用三值逻辑化解量子因果异常的方案，其最大优势是有很强的解释力与适用性：通过对三值析取支的真值分析，在中间现象的解释中，很好地化解了微粒解释和波动解释导致的因果异常；同时通过对循环否定和完全否定的灵活运用，能很好地刻画陈述两个不可对易物理量的量子力学语言。事实上，不仅存在两个物理实体不可对易的情况，同样有三个（角动量三个分量）

甚至多个物理实体两两不可对易的情况，三值逻辑体系同样能刻画。证明如下：

并协关系 R 具有对称性，对于不可对易物理量集合中元素，$\forall\alpha\forall\beta(\lceil\alpha,\beta\rceil\in R\to\lceil\beta,\alpha\rceil\in R)$，因而 $A\vee\sim A\to\sim\sim B\equiv B\vee\sim B\to\sim\sim A$；并协关系 R 具有传递性，对于不可对易物理量集合中元素，$\forall\alpha\forall\beta\forall\gamma(<\alpha,\beta>\in R\wedge<\beta,r>\in R\to\lceil\alpha,\gamma\rceil\in R)$。

因此，多并协实体陈述可以写成主合取范式的形式，并且保证两两具有并协关系：

$$(\alpha_1\vee\sim\alpha_1\to\sim\sim\alpha_2)\wedge(\alpha_2\vee\sim\alpha_2\to\sim\sim\alpha_3)\cdots\cdots\wedge(\alpha_{n-1}\vee\sim\alpha_{n-1}\to\sim\sim\alpha_n)$$

通过数学归纳可得到多个并协陈述的合取不能为真，当 $n=2$ 时，

$$(\alpha_1\vee\sim\alpha_1\to\sim\sim\alpha_2)\rrbracket\to\overline{\alpha_1\wedge\alpha_2}$$

成立。

设 $n=k$ 时成立，则有

$$(\alpha_1\vee\sim\alpha_1\to\sim\sim\alpha_2)\wedge\cdots\cdots\wedge(\alpha_{k-1}\vee\sim\alpha_{k-1}\to\sim\sim\alpha_k)\to\overline{\alpha_1\wedge\cdots\cdots\wedge\alpha_k}$$

当 $n=k+1$ 时，由

$$(\alpha_1\vee\sim\alpha_1\to\sim\sim\alpha_2)\wedge\cdots\cdots\wedge(\alpha_{k-1}\vee\sim\alpha_{k-1}\to\sim\sim\alpha_k)\wedge(\alpha_k\vee\sim\alpha_k\to\sim\sim\alpha_{k+1})$$

通过单调性得到：

$$(\alpha_1\vee\sim\alpha_1\to\sim\sim\alpha_2)\wedge\cdots\cdots\wedge(\alpha_{k-1}\vee\sim\alpha_{k-1}\to\sim\sim\alpha_k)\wedge(\alpha_k\vee\sim\alpha_k\to\sim\sim\alpha_{k+1})\to\overline{\alpha_1\wedge\cdots\cdots\wedge\alpha_k}\vee\overline{\alpha_k\wedge\alpha_{k+1}}$$

由于德·摩根律对于完全否定符成立，因此蕴涵式右侧标准等值于 $\overline{(\alpha_1\wedge\cdots\cdots\wedge\alpha_k)}\wedge\overline{(\alpha_k\wedge\alpha_{k+1})}\equiv\overline{\alpha_1\wedge\cdots\cdots\wedge\alpha_k\wedge\alpha_{k+1}}$。得证。

由此可见，三值逻辑体系的解释力强且适用范围广。但是正如前文所说，赖欣巴哈构建三值逻辑系统有极强的目的性——这是一柄双刃剑，虽然该系统能广泛应用在任何量子力学语言情形中，但是却因为其运算规则过于复杂、符号过多，所以只能被看成是一个"特设工具"。由此导致了两个问题：其一因其繁复性而存在不少偏差，例如，赖欣巴哈认为"德·摩根律仅仅对直接否定号成立"[1]，但是通过真值表演算，完全否定符也满足德·摩根律。可见三值逻辑

---

① ［德］汉斯·赖欣巴哈：《量子力学的哲学基础》，侯德彭译，商务印书馆 2015 年版，第 217 页。

的定理需要进一步审视。尽管这不能说是一个致命缺陷，但就爱因斯坦所强调的作为一个科学理论的"简单性"要求来说，它是不能令人满意的。

更为重要的是，赖欣巴哈的三值逻辑化解路径具有较高程度的"特设性"，即他并没有为"不确定"真值及前述"繁复"的真值表给出独立于化解量子因果异常具有充分说服力的说明。没有这样的说明就直接拿来使用，难怪玻恩等人认为，三值逻辑不过是在避重就轻地玩符号游戏，并没有切中问题的要害。就作为解决 EPR 悖论的解决方案而言，它难以满足 RZH 解悖标准的"非特设性"要求。①

三 其他多值逻辑化解路径探索

如前文所述，因果异常主要有三个表现："波的消失过程""狭缝对粒子运动的影响过程"和"并协实体同时数值的陈述"，其三值逻辑化解方案也主要是消除这三个表现。由此可见，凡是涉及对此三种表现进行合理阐释的文献，均可视为对因果异常的化解。在赖欣巴哈所开辟的多值逻辑化解路径上，又出现了一系列新的探索。

（一）三值逻辑方案的进一步发展

无可否认，三值逻辑系统对于量子力学语言的刻画效果很好，因而有许多学者在赖欣巴哈之后选择继续发展他的三值逻辑体系，并做出了补充或修改。

普特南（H. Putnam）在《三值逻辑》一文中，延续赖欣巴哈的思路，并扩宽了其使用域，使之不再局限于量子力学语言。普特南做的工作就是将三值逻辑解放出来，使"不确定"这一真值不只适用于量子力学语言。他认为：三值逻辑在日常语言领域，可以对应特定的说话方式，在该说话方式下谈论任何话题都是可行的；并且塔尔斯基的语义关系也可以适用于三值逻辑当中，比如可将"不确定"概念对应到日常语言模糊性中，以此加深对"不确定"的理解。②普特南的工作，可视为对赖欣巴哈三值逻辑方案之非特设性的一种论证。

沿着这样的"非特设性"研究进路，中国学者陈明益等也致力于论证赖欣

---

① 张建军：《逻辑悖论研究引论》（修订本），人民出版社 2014 年版，第 24—34 页。
② H. Putnam, "Three-valued Logic", *Philosophical Studies*, 1957, 8（5）: 73 – 80.

巴哈的三值逻辑系统："不可能只对于量子世界的言谈是独特的，还可以应用到任何情境中……在科学和日常生活的所有领域中都是可应用的。"① 更进一步，陈明益将"超赋值"基础上的三值逻辑应用到量子力学中，抛弃了外延性原则，从而使"一个析取式为真不能推出析取支必有一真"。他认为这样的处理方式能有效刻画并协陈述，避免量子因果异常，并且是一种更少地违背经典逻辑的半经典演算系统。

对三值逻辑方案进行补充发展，保留了三值逻辑对因果异常的强大解释力，但是这一条进路依然存在问题：只能将中间现象中粒子表现出的所有状态都以"不确定"表示，而不能对"不确定"进行更为细致的阐释或进行有穷数量的划分，这是由于粒子表现出的某些性质的种类并非是可数有穷的，而是不可数无穷的，因而这种发展必然面临着真值不够丰富的困境。依然以双缝干涉实验为例。根据波函数的态叠加原理公式：$\psi = c_1 \psi_1 + c_2 \psi_2$（其中 $c_1 c_1{}^* + c_2 c_2{}^* = 1$），$\psi_1$ 和 ψ_2 分别表示粒子通过狭缝 1 和狭缝 2 的可能状态，对应的 $|c_1|^2$ 和 $|c_2|^2$ 为粒子通过狭缝 1、狭缝 2 的概率。通过改变实验条件，$|c_1|^2$ 可取 $[0，1]$ 中的任一值，三值逻辑方案规避了对这样的概率进行刻画。同时，由于 c_1 和 c_2 很可能为复数，其模的平方也因此可能是无理数，那么有穷多值逻辑必然不可能涵盖粒子表现出的所有状态，可见有穷多值逻辑方案在这一点上有真值不够丰富的缺点。②

此外，纵观以往三值逻辑及有穷多值化解方案的发展，其"非特设性"论证路径往往诉诸某种逻辑系统在更广阔范围上的适用性。但这种解释至多说明可以在量子领域建构某种非经典逻辑的量子模型，无法为赖欣巴哈式"不确定"真值在量子领域本身的适用性提供更有说服力的解释。

（二）作为无穷值逻辑的格论量子逻辑

鉴于赖欣巴哈等学者通过有穷多值逻辑化解因果异常的方法面临真值不够丰富的困境，耶洛维奇（Jarosław Pykacz）等学者虽然同样认可必须要采用多值

---

① 陈明益：《三值量子逻辑进路探析》，《逻辑学研究》2010 年第 4 期。

② 对于这一缺点进行修复的尝试，可见于维茨赛克（C. F. von Weizsäcker）的《量子理论的一种简单替代》。维茨赛克基于希尔伯特空间，提出了"互补逻辑"（Komplementarität Logik），通过引入复真值，将粒子表现出的性质刻画为多值。虽然他的构建方式基于希尔伯特空间，能刻画出不可数无穷值，但是关于逻辑构建的篇幅却非常少，并不成体系。

逻辑化解路径，但是将真值从有穷过渡到无穷，在格论量子逻辑的基础上提出了模糊集无穷值逻辑。

冯·诺伊曼（John Von Neumann）与贝克霍夫（Garrett Birkhoff）在其合著的《量子力学的逻辑》中，提出以非分配的正交补格来刻画量子力学。其核心还是二值的，不过分配律不再是其中的一条定理，而是被较弱的正交模律所替代。[①]

耶洛维奇在《量子物理、模糊集和逻辑》一书中提出，对应于波函数的坍缩，从中间现象到现象，逻辑上应该是从无穷值逻辑坍缩到二值逻辑。他认为 B - vN 非经典二值逻辑关涉的是"后事实"；而"前事实"，也就是关涉我们所说的"中间现象"，必须用到多值逻辑。他在论证"理解量子现象时必须运用无穷值逻辑"[②] 之后指出，"任何具有概率测度排序集的量子逻辑都可以和满足某些条件的模糊子集族 L（S）进行同构表示。"也就是，以模糊集合为跳板，可以建立格论量子逻辑和模糊集的同构关系；而模糊集元素又和无穷值逻辑存在一一对应关系，因而格论量子逻辑可以被视为是一种无穷多值逻辑，可以很好地刻画中间现象。[③] 此外，耶洛维奇认为他的多值逻辑解释"在波粒二象性上也不会有问题"，同时"避免了因假定量子实体属性在测量前就存在而产生悖论"，即化解了因波动解释和微粒解释而产生的因果异常。

然而，将波函数的坍缩类比到无穷值逻辑的坍缩看似直观且巧妙，却面临一个重要难题。如博洛丁（Arkady Bolotin）所言："（在微观物理经验中），尚未验证的多值变为经典二值何以可能？"[④] 博洛丁认为哲学解释不能存在跳跃性，因此，他提出以概率为跳板，将所有量子态的概率的总和视为1，当确定某一量子态的概率为1时，其他概率都变成了0。据此，他钟情于化解因果异常的另一方案——量子逻辑的概率解释。

① G. Birkhoff, J. von. Neumann, "The Logic of Quantum Mechanics", *Annals of Mathematics*, 1936, 37 (4): 823 – 843.

② J. Pykacz, "Can Many-Valued Logic Help to Comprehend Quantum Phenomena?", *International Journal of Theoretical Physics*, 2015, 54 (12): 4367 – 4375.

③ J. Pykacz, *Quantum Physics, Fuzzy Sets and Logic: Steps Towards a Many-Valued Interpretation of Quantum Mechanics*, Springer, 2015, 50 – 55.

④ A. Bolotin, "Truth Values of Quantum Phenomena", *International Journal of Theoretical Physics*, 2018, 57: 2124 – 2132.

（三）量子逻辑的概率解释

正如有的学者所说："不同的量子力学诠释，将赋予不确定性关系以不同的意义。"[1] 赖欣巴哈式"不确定"真值所依赖的量子力学诠释建立在哥本哈根诠释的基础上，但是该诠释本身一直面临冲击和质疑。例如，由德维特（Bryce S. DeWitt）等人正式提出的多世界理论，避免了直面波函数坍缩的问题：当观测时分离出了无数个有确定状态的平行宇宙，每个宇宙自身不再有不确定性，[2] 如此，中间现象的因果异常就能被化解，同时也就不再需要三值逻辑来进行量子力学语言的描述了。可以看到，有相当一部分哲学家和物理学家认为，在物理学理论中并不需要引入多值逻辑。但是如果仅仅运用二值逻辑，就必须直面量子因果异常，而问题的关键就在于解释观测导致的波函数坍缩。

量子现象的概率解释就是在解决这种问题的尝试中产生的。依据玻恩的概率解释，在双缝干涉实验中，接收屏上的光强可视为最终的概率分布，它是由通过各个狭缝的粒子的路径所对应的波函数相加后取模再平方得到的。在无观测器的情况下，干涉条纹正常出现，但是一旦加上观测器，干涉条纹就会消失，并且接收屏上光强的最终分布为各个狭缝光强的直接相加。观测导致的因果异常单独用波动解释和微粒解释都无法做出令人信服的论证。利用条件概率公式 $P(A|B)P(B) = P(AB)$，可以试着对这个反常问题做出理解。$P(B)$ 为粒子通过第一道狭缝的概率，$P(AB)$ 为粒子通过第一道狭缝 B 后，在接收屏上到特定点 A 的概率。在无观测器的情况下，$P(B)$ 为 1/2，$P(AB)$ 体现出的概率分布在接收屏上呈现出干涉条纹图像；一旦加入观测器，$P(B)$ 则瞬间被确定为 1 或者 0：当 $P(B)$ 为 1 时，$P(AB) = P(A)$，接收屏上接收到的是单一狭缝产生的正态分布状的光强分布；当 $P(B)$ 为 0 时，$P(AB) = 0$，这也就解释了为什么加入观测器后，只有单一的波函数有效，而不存在波函数的干涉。

概率解释将条件概率中信息获取对概率的影响，类比到量子力学语言中，从而避免了因果异常的出现。萨德伯里（Anthony Sudbery）最近进一步论证了量子力学陈述的真值应当与其将发生的概率相一致，并对真值区间 [0, 1] 内的

---

① 郝刘祥：《不确定性原理的诠释问题》，《自然辩证法通讯》2019 年第 12 期。

② B. S. DeWit, J. A. Wheeler, "Quantum Mechanics and Reality", *Physics Today*, 1970, 23（9）：30－35.

值与概率同一做出了形式证明。① 与多世界诠释一样，概率解释避免直接引入多值逻辑，而是将"多值"思想转化到不同的概率数值或不同的世界之中，因而也是一个"准多值化"方案。

四 结语

由本文讨论可见，面对量子力学语言中出现的因果异常，赖欣巴哈的三值逻辑方案具有比较强大的解释力，在量子力学语言情形内具有宽广的适用范围，对观测语言和量子力学语言二分的澄清启发了后来的研究工作。在"非特设性""非繁复性"进路上的各种探讨，并没有解除很多哲学家与物理学家对"不确定"作为一个真值的疑虑。在维护二值逻辑的条件下，经典基础逻辑显然不够用，必须使用模态或概率手段加以"准多值化"扩充，才有可能实现对量子力学语言的合理刻画。究竟哪一条进路更合理有效尚待进一步探究。而是否能比较圆满地处理因果异常陈述，仍然是检验各类路径比较优势的试金石。作为诸多非经典逻辑工具的锻造与检验领域，合理的量子逻辑的构建渴望获得新的更大发展。

（本文编辑：顿新国）

An Analysis of Many-valued Logic Solutions for Quantum Causal Anomalies

XUE Fei

Abstract：Quantum causal anomalies arises from the interpretation of quantum mechanics involving the language description of quantum entities. Hans Reichenbach put forward a three-valued logic solution by introducing the value "uncertainty", established a language framework for quantum mechanics, and opened up a many-valued logic approach to resolve such anomalies. This three-valued logic solution has

---

① A. Sudbery, "The Logic of the Future in Quantum Theory", *Synthese*, 2017, 194: 4429 – 4453.

strong explanatory power and wide application scope. However, due to the dissatisfaction with its "ad hoc" way, "complexity" and the ambiguity of the concept- "uncertainty", more many-valued logic solutions and "quasi-many-valued" logic solutions have emerged one after another. However, in previous studies, the theoretical source of many-valued logic approaches and the value of Hans Reichenbach's solution were not deeply grasped. Based on developments and application, further examining the historical-theoretical relationship of three-valued logic, infinite-valued logic and "quasi-many-valued" logic which based on probability interpretation will provide a new vision for resolving causal anomalies. Whether the construction of quantum logic can deal with causal anomalous statements satisfactorily has become a touchstone for testing different approaches.

Keywords: Quantum Mechanical Language; Non-classical Logic; Causal Anomaly

学术评论

论"四不架构"与谬误研判系统的建构

陈强立

（香港浸会大学宗教及哲学系）

摘　要： 什么是谬误？如何分辨含有谬误的思想和言论？有无判别谬误的确当和完备的系统？研究诸如此类问题的思考方法学，在香港的学术界被称为"谬误剖析"。谬误剖析的核心工作之一是建构确当而完备的谬误研判系统。本文的主要目的是探讨建构与有关的研判系统的可能性。一个确当而完备的谬误研判系统必须包含两个部分：其一，确定谬误的本质；其二，对各种谬误提供系统性的分类。第一个部分要对谬误的基本性质作充分的分析和说明，并以此区分谬误和一些言论或思想上的错误，以及其他有害于确当思考的语言概念上的弊病。第二个部分要提出有效的分类系统，把各种谬误纳入恰当的谬误范畴，并对有关谬误范畴所涉及的方法学原理作详细的分析和说明。本文将会引介一个谬误研判系统，并论证该系统的确当性和完备性。该系统有两个部分，第一个部分主要厘清谬误的基本性质，第二个部分提出以四个谬误范畴为基础的分类系统。

关键词： 谬误；谬误剖析；谬误的本质；逻辑规范；逻辑犯规

一　导言

什么是谬误？如何分辨含有谬误的思想和言论？有无判别谬误的确当和完备的系统？研究诸如此类的问题的思考方法学，在香港的学术界被称为"谬误剖析"。谬误剖析是思考方法学的部门之一，其余为语理分析、逻辑方法、科学方法及创意策略。[①] 语理分析是思考方法学的起点，其功能在于厘清思想概念；逻辑方

---

① 这五个思考方法学部门的命名和划分方式主要援引李天命教授所提出的"思方五环系统"。参见李天命《梗概：思方五环》，载《哲道行者》，中国人民大学出版社 2010 年版，第 100 页。

法的功能在于提出有效（或对确）的推理法则；科学方法则着重提供一套借以获得关于经验世界的知识的程序；而谬误剖析是以上三个部门的实际应用和引申，其作用在于将人们通常碰到的错误思考方式加以分析和归类，俾使遇到时容易指认出来。现代的思考方法学以语理分析、逻辑方法、科学方法和谬误剖析为主要的环节，属于批判思维的范畴。上述最后一项"创意策略"则属创意思维的范畴，例如心理学家德·波诺（Edward de Bono）所谓的"侧面思索"（lateral thinking）就是属于这个范畴的研究。谬误剖析的核心工作之一是建构确当而完备的谬误研判系统，本文的主要目的是探讨建构有关研判系统的可能性。

一个确当而完备的谬误研判系统必须包含两个部分：其一，确定谬误的本质；其二，对各种谬误提供系统性的分类。第一个部分需要对谬误的基本性质作充分的说明，并以此区分谬误和一些言论或思想上的错误，以及其他有害于确当思考的语言概念上的弊病。第二个部分需要提出有效的分类系统对各种谬误进行适当分类，把它们纳入恰当的谬误范畴。一个确当而完备的谬误研判系统必须能够：（1）有效区分谬误和非谬误的思想和言论，这包括区分谬误和一些言论或思想上的错误以及其他有害于确当思考的语言概念上的弊病；（2）提出适当的谬误范畴，对各种谬误进行分类；（3）涵盖所有公认或典型和非典型的谬误；（4）对判定各种谬误的方法学原理及其应用作充分的分析和说明。

本文将引介一个谬误研判系统，并依据上述原则论证该系统的确当性和完备性。

二 谬误的本质

（一）谬误 VS. 错误

"谬误"（fallacy）一词的用法在日常语言里并不严格。有人把任何言论或思想上的错误都叫作"谬误"。在这个意义下，像"吸烟可治愈肺癌"这类与事实不符的错谬说法，也可以说是一种谬误。然而，从思考方法学视角来看，我们对"谬误"一词应赋予较严格的意义，像上述"吸烟可治愈肺癌"这类错谬说法，就不能算是"谬误"。为什么我们不应该把此等与事实不符的错误归入谬误的范畴？因为，它们只是与事实不符，而非在思考方式上犯错。[①] 反之，谬误的思想或

---

① 李天命教授把"谬误"界定为思考方式上的错误，参见李天命《哲道行者》，第119页。

言论往往建基于错误的思考方式之上。倘若把与事实不符的错误也归入谬误的范畴，那么人们就无可避免地会经常犯谬误，即使科学家也是如此；因为无论一个科学家的思考方式有多么确当，他所提供的证据有多么充分，也无法保证他的科学理论或假设一定是合乎事实的，这主要是由于科学家的思考工具——科学方法本身的局限。由此观之，在思考方法上而言，仅仅是与事实不符的错误不应归入谬误的范畴。

（二）谬误 VS. 语害

确当的言论和思想必须建立在清晰和稳妥的语言概念的基础上，反之，思路紊乱、思想混淆、谬误丛生，往往是由于言论或思想含有有害于确当思考的语言概念上的弊病而有以致之。有害于确当思考的语言概念上的弊病又被称为"语害"，包括语意暧昧、言辞空废、概念混淆和概念扭曲等。[①] 有些逻辑学家或许会把语害也归入谬误的范畴，然而，从思考方法学的视角来看，应该恰当地区分语害和谬误。因为，两者的着眼点不同，前者着眼于语言概念的意义，后者则主要针对错误的思考方式。[②]

试考察下面这个说法，"死亡并不可怕因为死去的人不会惧怕死亡"。上述"死去的人不会惧怕死亡"的说法并没有犯谬误，它不仅没有犯谬误，而且它是真确的。然而，它虽是真确的，但（在上述的语境里）却是一句没有实质内容的废话，因为，会惧怕死亡的人，我们不会称之为"死去的人"，故此，死去的人是不可能惧怕死亡的。这就好比我们不会把有四个角的图形称为"三角形"一样，当有人煞有介事地宣称发现"所有三角形都没有四个角"，他的说法就只不过是一些真确但没有实质内容的废话。倘若所提出的言论只是一些"真但没有实质内容的废话"，那属于言辞空废，言辞空废是语言概念上的弊病而非思考方式上的错误。什么是思考方式上的错误？以上述"死亡并不可怕因为死去的人不会惧怕死亡"为例，很明显由"死去的人不会惧怕死亡"并不能推论出"死亡并不可怕"的结论，前者无实质内容而后者则有实质内容，用无实质内容的言辞来证明有实质内容的结论，那是一种思考方式上的错误。

明显地，在思考方法学上而言，语言概念上的弊病和思考方式上的错误是

---

① "语害"是李天命教授所提出的"三害架构"的核心观念，他提出的"三害"就是意指语意暧昧、言辞空废、概念滑转这三种语害，参见李天命《哲道行者》，第101—117页。

② 这并不排除有某些谬误是由语害引起的可能性。

两个不同的概念范畴，故此，应该把两者区分开来。

（三）"谬误"的定义

1. 推论上的错误

要确定谬误的基本性质，可从"谬误"定义入手。有些逻辑学者把"谬误"界定为推论上的错误，[①] 这个定义在大多数情况下和逻辑学里对"谬误"一词的严格用法相符。比方说，逻辑学家把以偏概全、人身攻击等错谬的思考方式都归入谬误的范畴，而此等谬误均属推论上的错误。事实上，把推论上的错误归入"谬误"的范畴是十分恰当的，因为，推论上的错误是谬误的范例。不过，以"推论上的错误"界定谬误定义却是过于狭窄的。比方说，"雪是白的并且不是白的"这句话是犯了自相矛盾的谬误，但是，有关语句却并非论证或推论，那么它所犯的谬误就不是推论上的错误。由此观之，把"谬误"界定为推论上的错误是过于狭窄的。[②]

2. 貌似有效但实际上无效的论证

上述定义和在西方的逻辑学界流行的一个"谬误"定义十分相似，该定义表述如下：谬误是貌似有效（valid）但实际上无效（invalid）的论证。这个定义在 20 世纪 70 年代之前一直被西方的逻辑学界视为"谬误"的标准定义。[③] 所谓"无效的论证"即前提不能推出结论的论证，明显地，由前提不能推出结论的错误即推论上的错误。由此观之，这个关于"谬误"的标准定义同样是过于狭窄的，除了前文所提及的自相矛盾的谬误外，有一些和论证（或推论）无关或即使有关但却并非无效论证的谬误，均会被有关定义排除在谬误的范畴外。这些被排除在外的谬误包括自我推翻、混合问题、循环论证、答非所问等典型谬误。

3. 违反批判性讨论的规则

有些西方逻辑学者尝试从语用学的视角来理解谬误，他们聚焦于论证性话语（argumentative discourse）的语境，把谬误视为在有关话语里的错误举措（as

---

① 著名的逻辑学者 I. M. 柯匹（I. M. Copi）把谬误理解为推理中的典型错误，参见柯匹等《逻辑学导论》（第 13 版），张建军等译，中国人民大学出版社 2014 年版，第 135 页。

② 参考李天命《哲道行者》，第 119 页。

③ C. L. 汉布林在 20 世纪 70 年代对这个流行的"谬误"定义加以批判，引起了西方逻辑学界的谬误理论研究热潮。Cf. C. L. Hamblin, *Fallacies*, London: Methuen, 1970.

wrong moves in argumentative discourse)。① 对于上述的逻辑学者而言，所谓论证性话语的语境，亦即一种理性对话或辩论的语境，人们在有关语境里的语言行为（speech act）主要是为了化解意见上的分歧，寻求共识，为了达到此一目的，有关的语言行为必须遵守某些理性对话或批判性讨论的规则（rules of critical discussion）。所谓谬误，就是意指违反有关的批判性讨论的规则的语言行为。②

从语用学的视角来解释何谓谬误，有优点但也有缺点。优点是扩阔了我们对谬误本质的了解，让我们跳出把谬误局限于演绎推理的语境的框架。如前文所述，谬误并不限于推论上的错误，其他思考方式上的错误如自相矛盾等也应该包括在内。然而，上述语用学的谬误理论却也有其缺点，首先，谬误不必是语言行为（即话语）的产物，它可以是个人在思考的时候产生，和语言行为无关。其次，理性对话（或批判性讨论）的规则多种多样，并非全都与谬误有关。试考察下述讨论规则，"在进行理性讨论的时候，讨论双方不应阻止对方提出自己的观点，或阻止对方对某些观点提出质疑"③。很明显，这一讨论规则是进行理性对话的参与者都应该遵守的讨论规则，然而，违反有关规则可以说是悖理，但不能说是犯了谬误。最后，在进行理性对话的时候应该避免使用含有有害于确当思考的语言概念上的弊病的言辞。如前文所述，有害于确当思考的语言概念上的弊病是语害，应该把它们和谬误区分开来。

4.（广义）逻辑犯规

前文探讨了关于西方逻辑学界一些研究谬误的基本性质的观点或进路，并指出这些观点或进路的优劣，从前文的分析来看，这些观点或进路对谬误的基本性质的研究有严重的缺陷。故此，我们需要寻找新的进路来帮助我们了解谬误的基本性质。

本文所引介的进路是一个以逻辑思考的基本法则（或规范）为基础的进路，故此可以称之为逻辑的进路。在引介有关进路之前，让我们先厘清这一进

---

① cf. F. H. van Eemeren and R. Grootendorst "The Pragma-dialectical Approach to Fallacies", in H. V. Hansen and R. C. Pinto（eds），*Fallacies：Classical and Contemporary Readings*，Pennsylvania：Pennsylvania State Press，1995，pp. 130 – 144. 可进一步参考范爱墨伦和斯诺克·汉克曼斯著的《论证：分析与评价》（第二版）（中国社会科学出版社 2018 年版）第 7 章和第 8 章及范爱墨伦和荷罗顿道斯特著《论证、交流与谬误：一种语用论证观》（F. H. van Eemeren and R. Grootendorst，*Argumentation，Communication and Facllacies：A Pragma-Dialectical Perspective*，Mahwah，N. J.：Lawrence Erlbaum，1992.）第 8 章至第 19 章。

② F. H. van Eemeren and R. Grootendorst，"The Pragma-dialectical Approach to Fallacies"，p. 131.

③ F. H. van Eemeren and R. Grootendorst，"The Pragma-dialectical Approach to Fallacies"，p. 135.

路的核心观念："逻辑。"逻辑的核心部门为演绎逻辑，自亚里士多德提出三段论的理论以来，演绎逻辑不断发展，到了当代的数理逻辑实为演绎逻辑发展的高峰；逻辑的另一个重要部门为归纳逻辑，归纳逻辑在当代亦有重要的发展，不过论到系统化和严密的程度则远不如数理逻辑。除了上述两个主要部门，逻辑还应该包括研究对话、辩论和沟通的逻辑，这个部分的研究最早可以追溯到亚里士多德的辩证法，有些逻辑学者则称这个部分为非形式逻辑。① 故此，所谓以逻辑法则为基础，这里所指的逻辑并非狭义的演绎逻辑，而是指广义的逻辑，除了演绎逻辑，亦包括归纳逻辑和非形式逻辑。

基于上述的厘清，我们可以这样界定谬误：违反逻辑思考的基本法则（或规范）的思考方式，简言之，谬误即逻辑上犯规。关于这个定义，有两点是需要说明的。首先，根据此定义，"谬误"一词的应用范围不仅仅限于论证或推论，它可以扩展到包括论述、演说、对话、辩论甚至日常的沟通等方面在内的话语或言辞。其次，逻辑（无论是演绎逻辑、归纳逻辑还是非形式逻辑）所确立的原则是合理的思想或言辞必须遵从的规则，违反了这些规则，就是逻辑上犯规。把"谬误"界定为逻辑上犯规，一方面清楚界定了"谬误"一词的应用范围（即谬误的范域），另一方面亦说明了谬误的基本性质。这个定义没有过宽或过狭的毛病。根据这个定义，推论上的错误是谬误，违反事实的判断却不算是谬误，因为，有关判断只是事实上错而非逻辑上犯规；而自相矛盾则明显是一种谬误，自相矛盾的言论违反了思想或言辞在逻辑上必须遵守的规则。

三 四个基本的谬误范畴：四不架构

对谬误进行研判和剖析，除了确定其范域和性质以外，对谬误做系统的分类，亦是谬误研究的一项重要工作。逻辑家的这一项工作最早可追溯到亚里士多德的《辩谬篇》，此后逻辑家提出过不同的分类系统。我们将会介绍一个名为"四不架构"的分类系统，该系统把谬误分为四大类：（1）不一致的谬误（the fallacy of inconsistency）；（2）不当预设的谬误（the fallacy of inappropriate presumption）；

---

① Cf. D. N. Walton, *Informal Logic: A Handbook for Critical Argumentation*, Cambridge: Cambridge University Press, 1989.

（3）不相干的谬误（the fallacy of irrelevance）；（4）不充分的谬误（the fallacy of insufficient evidence）。依笔者的看法，这四个谬误范畴是最基本的谬误范畴，所有其他个别的谬误都可归入其中之一。其次，它们互不隶属。倘若上述说法成立，那么，这四个谬误范畴就是完备的。

"四不架构"首先由李天命在20世纪80年代讲课时提出，之后在其著作《哲道行者》中进行了完整的表述。后文以李天命的论述为蓝本，在此基础上作了一些改动和补充。另外，对于个别的谬误范畴，有些广为人知并且不少逻辑课本亦有详细论及，对于此等个别的谬误范畴，本文不会详细讨论，或只会作补充性的讨论。

（一）不一致的谬误

不一致的思想或言论有下述特性：蕴含逻辑矛盾。常见的不一致的谬误有两大类：自相矛盾与自我推翻。

1. 自相矛盾

一个思想或言论的一个部分和它的另一个部分互相抵触、互相冲突，那它就是犯了自相矛盾的谬误。"雪白并且非白""天蓝并且非蓝"……都是一些自相矛盾的言辞，它们均具有这样的逻辑形式：$P \land \neg P$，明显地 P 和 $\neg P$ 互相冲突。并非仅仅具有 $P \land \neg P$ 这样的逻辑形式的命题才算是自相矛盾。比方说，"a 是一个圆形并且是一个方形"（简称 S），此一陈述虽非具有 $P \land \neg P$ 这样的逻辑形式，但亦同样犯了自相矛盾的谬误。因为"a 是一个圆形"和"a 是一个方形"互相涵蕴了对方的否定，前者涵蕴 a 不是一个方型，后者涵蕴 a 不是一个圆形。

S 是一个较为明显的自相矛盾的陈述，然而有些自相矛盾的陈述却较为隐蔽。试考察下述甲和相士的一段对话：

> 甲：我近来感到十分苦恼。
> 相士：你为什么感到苦恼？
> 甲：我觉得很孤单，我现在已差不多40岁，但仍然找不到恋爱对象。
> 相士：这是你命中注定的，你注定找不到恋爱对象，要孤独终老。不过，你的命运虽然如此却也并非不可改变，我可以助你改变命运。

上述"这是你命中注定的……我可以助你改变命运"是一种较为隐蔽的自相矛盾的说法。这一点留待读者自行分析。

2. 自我推翻

据说苏格拉底曾经说过:"只有一件事是我肯定知道的,就是我一无所知。"但是,倘若苏格拉底真的一无所知,那么他就不可能肯定知道他自己一无所知。因为,一无所知包括不知道自己一无所知。换言之,有关说法涵蕴了自己的否定,自己否定了自己。当一个思想或言论自己否定自己,含蕴自己的否定时,该思想或言论就犯了自我推翻的谬误。

在希腊哲学里,有一个学派叫作智者学派,该学派有这样的一个哲学主张:真理只是对于相信它的人而言是真的。对于这样的主张,我们可以提出下述问题:对于不相信的人而言,该主张是否真确?很明显,倘若该主张真确,那么对于不相信它的人而言就不是真的。这就是说,智者的哲学主张是自我否定的,是犯了自我推翻的谬误。

(二)不当预设的谬误

不当预设是一种预设上的谬误,故此,有时又叫作"预设谬误"。[①] 让我们先说明一下什么叫作"预设"。试考察下述问题:

Q:A 女士还有没有打她的男友?

Q 至少含有两项假定:(1)A 女士有男友;(2)A 女士曾经打过她的男友。要恰当地提出 Q,必须假定(1)和(2)是正确的。这就是说,两者是 Q 能恰当地被提出的先决条件。我们可以这样界定"预设"一词:一个言辞或思想在有关语境或思想脉络里含有或必须有的假定,有关假定可称为该言辞或思想的预设。根据此定义,我们可以说,Q 预设了(1)和(2)。

一项预设可以是恰当或者不当的。倘若在有关语境里,把没有理由视之为当然的预设视为当然,那有关预设就是不当的。含有不当预设的言论或思想即犯了不当预设的谬误。不当预设的谬误包括三类常见的谬误:混合问题、循环论证和窃取论点。

1. 混合问题

含有不当预设的问题可称为混合问题;倘若提出的问题是一个混合问题,

---

① 可比较本节和柯匹对预设谬误的论述的分别,参见 I. M. 柯匹等《逻辑学导论》,第166—170 页。

那就是犯了混合问题的谬误。以上述的问题 Q 为例，Q 预设了（1）A 女士有男友；（2）A 女士曾经打过她的男友。倘若没有理由假定（1）和（2）是正确的，那么提出 Q 就是犯了混合问题的谬误。

2. 循环论证

理性的讨论往往需要诉诸论证，论证的前提原意是用来确立结论的，但是，倘若用来确立结论的前提就是结论本身，又或者预设了结论，那么，有关论证就是犯了循环论证的谬误。

3. 窃取论点

在论证一个说法的时候，把不应视为当然的论点混入前提，有关论点即使不是结论本身，又或者没有预设结论，有关论证仍是犯了预设谬误：它预设了不能视之为当然的论点，这样的一种谬误叫作窃取论点的谬误。

（三）不相干的谬误

把和论题无关的说法当作和论题有关提出来，这样的说法就是犯了不相干的谬误。不过，这个定义只能算是一个约略的定义，因为它并没有清楚说明怎样决定一个说法和原来的论题是否"无关"。那么，怎样决定一个说法和原来的论题"有关"抑或"无关"呢？对于这一问题我们可从两个方面来加以探讨。

1. 不相干的答案

即离题或答非所问。回答问题时提出与问题无关的答案，那就是犯了离题谬误。

2. 不相干的论据

一个论证的前提即是该论证所提出的证据或论据，倘若所提出的证据并不能提高结论的可信性，那么对于建立结论的可信性而言，有关证据就只是一些不相干的论据。明显地，提出的证据倘若对结论的可信性并无任何正面的影响，那么对于建立结论的可信性而言，有关证据就是可有可无的。可有可无的证据就是不相干的论据。提出不相干的论据来证明某个说法，那是犯了不相干的论据的谬误。以下是一些常见的不相干（的论据）的谬误。

（1）诉诸群众、传统、风俗习惯、套语

诉诸群众、传统、风俗习惯、套语均为辩论诡策，它们有一个共通点：利用人的羊群心理、社会习惯等社会力量来诱导对方接受某些观点。

（2）滥用权威①

诉诸权威是一种常见的辩论策略，倘若恰当地诉诸权威，那并无不妥。比方说，接受医生的诊断和治疗就是一种诉诸权威的做法。但是，倘若不恰当地诉诸权威，那就是犯了滥用权威的谬误。该谬误具有下述形式：

由于 A 断言 p，所以 p 真（但 A 相对于 p 而言并非适当的权威）。

（i）诉诸政治权威

例子："由于总统说吃消毒剂可医治新冠病毒，可见吃消毒剂可医治新冠病毒。"

（ii）诉诸不相干的专家

例子："爱因斯坦也相信民主，可见民主制度是好的政治制度。"

（iii）诉诸缺乏客观认授性的"专家"（例如风水专家）

例子："根据风水专家的说法，A 赌场煞气很重，这说明了为什么我在那儿逢赌必输。"

（3）人身攻击②

基于一个人的身份或背景（和结论不相干的特征）来否定一个人的言论。该谬误具有下述形式：由于 x 具有某种身份或背景并断言 p，所以 p 假。

上述清单远未穷尽不相干的谬误，诸如诉诸无知、无的放矢（攻击稻草人）均属此一谬误范畴。不过，无论这个名单有多长，它们均不出答非所问和不相干的论据这两大谬误范畴。

（四）不充分的谬误

不充分的谬误主要涉及前提能否对结论提供充分的理性支撑（即充分确立结论的真确性）的问题。倘若前提无法对结论提供足够的理性支撑，这就是说，倘若前提不能充分地确立结论的真确性，那么有关论证就是犯了不充分的谬误。要注意的是，有关前提给结论所提供的理性支撑是不充分而已，而非没有任何程度的理性支撑。这就是不充分的谬误和不相干的谬误的分别，前者只是理性支撑的程度不足，后者则是没有任何程度的理性支撑。关于不充分的谬误，最常见的有以偏概全，其中包括数量不充分、偏差统计和片面证据等谬误，此外

---

① Cf. W. C. Salmon, *Logic*, 2nd edition, Englewood Cliffs, New Jersey: Prentice-Hall, 1973, pp. 91 - 94.
② Cf. W. C. Salmon, *Logic*, 2nd edition, Englewood Cliffs, New Jersey: Prentice-Hall, 1973, pp. 94 - 97.

不充分类比、多因谬误等亦是常见的不充分谬误。①

1. 以偏概全

科学研究往往需要进行取样，取样数目不充分、样本数据有结构偏差或遗漏已知的反面证据，那就是犯了以偏概全的谬误：

（1）数量不充分谬误：此谬误主要涉及取样数目不充分。

（2）偏差统计谬误：此谬误主要涉及样本数据有结构偏差。

（3）片面证据谬误：此谬误主要涉及遗漏已知的反面证据。

2. 不充分类比与片面类比

科学家有时会对两种事物进行比较，基于它们在某些方面相类似从而推断：倘若其中的一种事物 X 有某种性质 F，则另一种事物 Y 也有该种性质 F。逻辑学者把这样的一种推理方式称为"类比推论"。类比推论的可靠性建基在所要类比的事物的相似性上面。故此，正确的类比推论必须满足两个方法学的要求：

（1）X 和 Y 有重要的相似性。

（2）没有忽略已知的重要差异。

倘若 X 和 Y 没有足够重要的相似性，或两者有重要差异而没被考虑，有关的类比推论就是犯了不当类比的谬误。有相似性但不足够，叫作"不充分类比"；忽略已知的重要差异，叫作"片面类比"；完全没有相干的相似性则可叫作"盲目比附"。不充分类比和片面类比属于不充分的谬误；盲目比附则属于不相干的谬误。

3. 因果谬误

因果谬误主要涉及不充分的因果关系的论断或说明，这包括居后谬误、倒果为因、多因谬误等。居后谬误是一种由于两个事件有先后出现的次序便推论两者有因果关系而产生的谬误；倒果为因的谬误主要是由于混淆两个事件的因果关系而产生的；多因谬误则是由于一件事 E 的发生可以有多种可能原因（如 A、B、C 和 D），在没有排除其他的可能性的情况下，便推论 A 是 E 的原因。上述因果谬误大都是由于违反了科学方法（广义归纳法）的规则（如取样不足）等而产生的。

---

① 关于个别的不充分谬误，W. C. 沙尔门有很详细的分析。Cf. W. C. Salmon, *Logic*, 2nd edition, Englewood Cliffs, New Jersey: Prentice-Hall, 1973, pp. 84 – 87, 97 – 105.

四 "四不架构"的确当性与完备性

前文引介了"四不架构"谬误分类系统，该系统主要建基于四个基本的谬误范畴：（1）不一致的谬误；（2）不当预设的谬误；（3）不相干的谬误；（4）不充分的谬误。

这个系统叫作"四不架构"，主要是由于该系统的四个基本谬误范畴均是以"不"命名。从思考方法学的角度来看，一个良好的谬误分类系统应该具有三个特性：（1）简单性；（2）确当性；（3）完备性。依笔者看，"四不架构"具备上述三个特性。就简单性而言，"四不架构"明显具有简单性的优点，它只有四个基本的谬误范畴，而其他个别的谬误范畴均可通过这些基本范畴来加以解释。以下讨论"四不架构"的确当性和完备性。

（一）"四不架构"的确当性

在这一节里将会论证"四不架构"是确当的，即所有被该系统判定为谬误的言论或思想均具有（客观的）谬误属性。本文把"谬误"界定为违反逻辑规范（即逻辑上犯规）的思考方式，如此一来，违反逻辑规范就是谬误的基本属性。由此观之，论证"四不架构"的确当性即论证被该系统判定为谬误的言论或思想均在逻辑上犯规。另外，由于"四不架构"是由四个基本谬误范畴所构成，那么只要能证明这四个基本谬误范畴是确当的，便能证明"四不架构"是确当的。以下四节即旨在论证有关的基本谬误范畴均是确当的。

1. 不一致谬误的谬误属性

不一致的言辞或思想蕴含逻辑矛盾，所谓逻辑矛盾意指具有 $P \wedge \neg P$ 这样的逻辑形式的命题。不一致的言辞或思想均违反矛盾律。矛盾律是逻辑思考必须遵守的基本法则，不能违反，因为，违反矛盾律的言辞和思想均为假。证明如下：设 ß 违反矛盾律，即 ß 和 $\neg (P \wedge \neg P)$ 不相容。那么由 ß 可推出 $\neg (P \wedge \neg P)$ 的否定，即由 ß 可推出 $\neg \neg (P \wedge \neg P)$，$\neg \neg (P \wedge \neg P)$ 逻辑上等值于 $P \wedge \neg P$。明显地，$P \wedge \neg P$ 的所有代换个例皆为假。

由前文的分析可推知，不一致谬误范畴是确当的，因为，所有不一致的言辞或思想均为逻辑上犯规。

2. 不当预设谬误的谬误属性

不当预设的谬误含有不当预设，那么为何不当预设是一种谬误？含有不当预设的言辞和思想违反了逻辑思考的哪些法则？比方说，混合问题含有不当预设，那么混合问题违反了什么逻辑法则？它既非断言又非论证，它又如何能在逻辑上犯规？

不当预设的思考方式具有误导性，它能让欠缺批判思考能力的人在没有充分证据的情况下接受某些观点。然而，从逻辑的观点来看，要让别人接受某些观点，应该提出确当的理由来说服对方，而非用误导的方式来让对方接受有关的观点，这是批判思维亦是逻辑思维的一个重要的出发点。这样一来，含有不当预设的言辞和思想与上述的出发点有冲突，它们均违反"要让别人接受某些观点，应该提出确当的理由来说服对方，而非用误导的方式来让对方接受有关的观点"的逻辑规范。

循环论证和窃取论点违反了上述的逻辑规范，那是显然易见的。这是由于有关谬误均预设了（在有关的语境下）某些不应视之为当然的前提，这明显违反了"应该提出确当的理由来说服对方，而非用误导的方式来让对方接受有关的观点"的要求。混合问题虽非论证，但同样具有误导性，可让欠缺批判思考能力的人在没有充分证据的情况下，接受某些观点，这同样违反上述逻辑规范的要求。由此观之，混合问题、循环论证和窃取论点等不当预设谬误都是在逻辑上犯规的。这样一来，不当预设的谬误范畴的确当性是毋庸置疑的。

3. 不相干谬误与不充分谬误的谬误属性

不相干谬误和不充分谬误的谬误属性十分明显，故此，笔者把它们放在同一节里讨论。先讨论不相干的谬误，这一谬误范畴包含两个子谬误范畴：答非所问和不相干论据。答非所问同样具有误导性，可让欠缺批判思考能力的人在没有充分证据的情况下，接受某些观点（如接受被询问者已回答了有关问题）。故此，答非所问同样违反了"应该提出确当的理由来说服对方，而非用误导的方式来让对方接受有关的观点"的要求。

不相干论据谬误和不充分谬误均属推论上的错误，两者均违反确当论证的逻辑法则或规范。不相干论据谬误违反确当论证必须满足的相干性原则，以下是相干性原则的一个简约版本：

（R）逻辑上正确的论证或推论必须满足下述条件：前提和结论相干。

一个论证的前提和结论是相干的当且仅当有关前提对结论提供某种程度的理性支撑，即有关前提倘若为真能提高结论的可信性（或为真的概然性）。

很明显，任何逻辑上正确的论证都必须符合（R），否则，提出的论证便失去意义，因为，提出论证的目的正是要为有关结论提供理性支撑，提高其可信度。由此观之，（R）是逻辑上正确的论证或推论必须遵守的逻辑规范，违反有关规范便是犯了不相干（论据）的谬误。

一个确当的论证不仅必须为结论提供理性支撑，并且必须是充分的理性支撑，倘若有关支撑不充分，那么从逻辑的观点来看，有关论证仍然是不可接受的。一个论证倘若没能为其结论提供足够的理性支撑，那有关论证就是犯了不充分的谬误。不充分谬误违反了确当论证必须满足的充足理由原则，以下是充足理由原则的一个简约版本：

（S）逻辑上正确的论证或推论必须满足下述条件：前提能为结论提供充分的理性支撑（即充分确立结论的真确性）。一个论证的前提能充分确立结论的真确性当且仅当有关前提若为真，则结论若非必然地（necessarily）就是概然地（probably）为真。

很显然，（S）是逻辑上正确的论证或推论必须遵守的逻辑规范，违反有关规范便是犯了不充分的谬误。

从前文的分析可见，不相干谬误的两个子类（不相干的答案与不相干的论据）和不充分谬误均违反某些逻辑规范，因而是逻辑上犯规。这样一来，有关的谬误范畴是确当的。

（二）"四不架构"的完备性

前文论证了"四不架构"的确当性，即不一致、不当预设、不相干与不充分，亦即论证了所有被这四个谬误范畴确认的谬误均具有谬误属性，即它们均为逻辑上犯规的思想或言辞。本节将会论证"四不架构"的完备性，下面分两点来论述：其一，"四不架构"的基要性；其二，"四不架构"的涵盖性。第一点要论证的是"四不架构"的四个谬误范畴是最基本的；第二点要论证的是这四个谬误范畴涵盖所有公认或典型和非典型的谬误。倘若能证明这两点，那么我们就能证明"四不架构"是完备的。

1. "四不架构"的基要性

在这一节里，我们将会论证不一致、不当预设、不相干与不充分这四个谬误范畴的基要性。让我们先厘清"某个谬误范畴是基要的"是什么意思？当我们说某个谬误范畴 X 是基要的，意思是 X 不能被归入其他谬误范畴，相反，有某些谬误范畴可被归入 X。就笔者而言，上述的四个谬误范畴是基要的。理由如下：

首先，不一致、不当预设、不相干与不充分这四个谬误范畴在逻辑上相互独立、互不隶属，这一点可通过分析这四个概念范畴的应用判准得知。

其次，所有其他个别的谬误都可被归入这四个谬误范畴。以不当预设谬误为例，不当预设谬误范畴包含三个子范畴：混合问题、循环论证和窃取论点。上文已论述过何以这三个子范畴能被恰当地归入不当预设的谬误范畴。那么，此一谬误范畴能被归入有关的子范畴吗？很明显，答案是否定的。理由是任何含有不当预设的思想或言论都可被归入不当预设谬误范畴，但对于上述三个子范畴却非如此。比方说，混合问题含有不当预设，但不能归入循环论证这一子范畴。

2. "四不架构"的涵盖性

在本节，我们会论证"四不架构"的涵盖性，即论证：（P）"四不架构"的基本谬误范畴涵盖所有公认的典型或非典型的谬误。原则上，要完全地证明 P 需要证明下述命题：

（F）对于任何一个 X，倘若 X 具有谬误属性，则 X 是"四不架构"的基本谬误范畴的分子。

但是，要完全证明 F 原则上是不可能的。因为，我们无法排除将来有某些谬误的思想或言论不能被归入"四不架构"的谬误范畴的可能性。虽然如此，我们却可以对已知的谬误言论给出证明。在上述第三节"四个基本的谬误范畴：'四不架构'"里，我们已做了初步的工作，下述是笔者对已知的谬误所作的分类：

（1）不一致的谬误：自相矛盾、自我推翻。
（2）不当预设的谬误：混合问题、循环论证、窃取论点。

（3）不相干的谬误：答非所问（离题）、诉诸群众、诉诸传统、诉诸风俗习惯、诉诸套语、滥用权威、人身攻击、诉诸无知、无的放矢（攻击稻草人）、盲目比附。

（4）不充分的谬误：以偏概全（数量不充分、偏差统计、片面证据）、不充分类比、片面类比、居后谬误、倒果为因、多因谬误。

上述内容并未包括所有已知谬误，要把所有已知谬误放在"四不架构"的系统内涉及庞大的工作计划，因篇幅所限，无法在本文一一尽列和讨论。不过，就前文所提出的分析，我们有理由认为：第一，"四不架构"的四个基本谬误范畴具有基要性；第二，"四不架构"的四个基本谬误范畴具有涵盖性。这样一来，我们就有理由认为"四不架构"是完备的。有一点需要指出的是，上述结论的合理性取决于我们能否找出反例，即发现可被恰当地视为谬误却无法被纳入"四不架构"的思想或言论。倘若发现有关反例，那么"四不架构"就不是完备的。不过，到目前为止，笔者并未发现有关反例。

（本文编辑：王克喜）

On a Logical Theory of Fallacy and the "Four I's" System

CHEN Qiang-li

Abstract：What is a fallacy? How to recognize fallacious thoughts and speeches? Is there any sound and complete theory of fallacy? The branch of the study of the critical thinking methods which helps to answer the above questions is called "the Anatomy of Fallacy". One of the major tasks of the anatomy of fallacy is to construct a sound and complete theory of fallacy. This paper aims to explore the possibility of constructing such a theory. A sound and complete theory of fallacy must consist of the following two parts：firsthy, to clarify the nature of fallacy and secondly to define, explain and classify individual fallacies in a systematic way. The first part is concerned with studying the nature of fallacy, which helps to distinguish fallacies from other kinds of mistakes such as factual errors and linguistic-conceptual errors. The second part is concerned with constructing an adequate system of classification such that fallacies can be defined, explained and classified properly. In this paper, I shall introduce such a theory of fallacy and discuss its soundness and completeness.

Keywords: Fallacy; The Anatomy of Fallacy; The Nature of Fallacy; Norms of Logic; Violation of the Norms Of Logic

评 Conee 和 Feldman 的证据主义

胡星铭

（南京大学哲学系）

摘　要：在 Earl Conee 和 Richard Feldman 之前，对于传统证据主义的批评，有四个影响比较大：其一，实用主义的批评；其二，安于已有证据问题；其三，Gettier 问题；其四，怀疑主义的挑战。Conee 与 Feldman 提出了一种新的证据主义，并在此基础上回应了这四个批评。但他们的证据主义仍面临一些困难。本文在吸取他们洞见的基础上提出了一种新的理论：责任知识论。责任知识论可以处理 Conee 与 Feldman 证据主义面临的困难。

关键词：知识；Gettier 问题；证据主义；责任知识论

自 1985 年开始，Earl Conee 和 Richard Feldman 发表了一系列捍卫证据主义的经典论文。这些论文在 2004 年被汇编成书，[①] 代表着证据主义的复兴。在 Conee 与 Feldman 之前，传统的证据主义受到了哪些质疑？Conee 与 Feldman 是如何界定证据主义、回应这些质疑的？Conee 与 Feldman 的证据主义又受到了哪些批评？有没有一个比证据主义更好的理论？本文试图简要地回答这些问题。

一　对传统证据主义的批评

传统的证据主义既是一种信念伦理学（an ethics of belief），也是一种知识论（theory of knowledge）。作为一种信念伦理学，其核心思想如胡适所说："有几分证据，说几分话。有七分证据，不能说八分话""没有证据，只可悬而不断，证

---

① Conee, Earl Brink & Feldman, Richard, *Evidentialism：Essays in Epistemology*, Oxford：Oxford University Press, 2004.

据不够，只可做假说，不可武断"。① 作为一种知识论，传统证据主义者如 Roderick M. Chisholm 对知识的定义是：S 知道 p，当且仅当 p 为真；S 接受 p；S 有支持 p 的充分证据。②

在 Earl Conee 和 Richard Feldman 之前，对于传统证据主义的批评，有四个影响比较大：其一，实用主义的批评；其二，安于已有证据问题；其三，Gettier 问题；其四，怀疑主义的挑战。

先说来自实用主义的批评。实用主义哲学家 William James 认为，有时候我们既没有支持 p 的足够证据，也没有反对 p 的足够证据，但必须要做出信与不信的选择，无法忽略这一问题。而且，信与不信的后果是很重大的：如果相信 p，并且 p 事实上为真，那么我们会得到很大的益处。在这种情况下，James 认为我们可以（甚至应该）相信 p。③ 试举两个例子说明 James 的观点：

跳远：你被一群暴徒追赶，来到一个悬崖，从崖边到对面崖边有 2 米宽。如果你能跳过去，则活；如果不能，则死。你没有任何证据相信自己能跳过去，也没有任何证据相信自己跳不过去。证据主义者会说，你不应该相信自己能跳过去。但显然，你可以（甚至应该）相信自己能跳过去。

科研：你是一个博士刚毕业的科学家，正着手研究一些自然现象，试图发现其中的规律。你的研究刚刚开始。虽然你提出的初步假设已经被证伪，但这并不影响你的信心：你相信存在支配那些自然现象的规律，发现这些规律只是早晚的事。如果你不相信存在这样的规律，就不会继续从事这方面的研究。然而，在发现这些规律之前，你并没有足够的证据表明存在这样的规律（当然，也没有足够的证据表明不存在这样的规律）。证据主义者会说，你不应该相信存在这样的规律。但显然，你可以相信存在这样的规律，继续你的科研工作。

---

① 胡适：《介绍我自己的思想》，《胡适文集》第 5 卷，北京大学出版社 1998 年版，第 159 页。胡适显然读过剑桥数学家 W. K. Clifford 于 1877 年发表在 *Contemporary Review* 上的文章 The Ethics of Belief。他在 1924 年 1 月 4 日写给韦莲司的信里说："我们在这儿重新过着 A. L. Huxley 与 W. K. Clifford 从前所过的日子。'给我证据，我才会相信。' 这是我和我的朋友重新揭起的战斗口号。"

② Roderick M. Chisholm, *Perceiving: A Philosophical Study*, N. Y. : Ithaca, 1957, p. 16.

③ Cf. Gale, Richard M. , "William James and the Ethics of Belief", *American Philosophical Quarterly*, 1980, 17 (1): 1 – 14.

另一个对传统证据主义的批评是它面临安于已有证据问题。假设一个物理学家基于自己已有的证据相信他推翻了爱因斯坦相对论。他没有意识到：他认识的一个同行早就发表了一个新的发现。如果他知道这个新发现，就会发现他拥有的那些证据并不能推翻爱因斯坦相对论。他可以轻易地下载到那个同行的论文，但他一直看不起那个同行，从没有兴趣了解那个同行的研究。我们的直觉是：这个物理学家不应该相信他推翻了爱因斯坦相对论。但根据证据主义，他应该相信他推翻了爱因斯坦相对论，因为他目前拥有的证据的确支持这个信念。①

以上两个批评针对的是作为信念伦理学的证据主义，另外两个批评是质疑作为知识论的证据主义。其中一个是 Edmnnd Gettier 提出的。Gettier 在他的经典论文中引用了 Chisholm 对知识的证据主义定义，并进行了反驳。他给出的一个例子是：

求职：Smith 和他的朋友 Jones 同时向同一个公司求职。Smith 相信（a）Jones 会得到工作，因为他有很好的理由：（r1）公司总经理告诉 Smith，他们会录用 Jones。Smith 还相信（b）Jones 的口袋里有 10 个硬币，他也有很好的理由：（r2）Smith 数过 Jones 口袋中的硬币，发现一共有 10 个。Smith 从（a）和（b）推出（c）得到工作的那个人口袋里有 10 个硬币，因此他有好的理由相信（c）。但事实上，（d）公司录用的是 Smith 而非 Jones。总经理搞混了，并且（e）Smith 的口袋里也有 10 个硬币。是（d）和（e）而非（a）和（b）使得（c）为真。但 Smith 完全没意识到（d）和（e）。②

在这个例子中，Smith 有很强的证据——r1 和 r2——相信真命题 c。因此，根据传统的证据主义，Smith 知道 c。但我们的直觉是：Smith 显然不知道 c。

另一个对作为知识论的证据主义的批评是：它无法回应怀疑主义的挑战。相反，它会导致怀疑主义。根据证据主义，如果你的证据同等地支持 p 和¬p（即既不支持 p，也不支持¬p），那么你不知道 p 是否为真。这一知识标准会导致我们不知道他人是否存在，也不知道自己是否是缸中之脑。具体言之：

---

① Cf. Kornblith, Hilary, "Justified Belief and Epistemically Responsible Action", *Philosophical Review* 1983, 92 (1): 33-48. Baehr 重复了 Kornblith 的批评, cf. Baehr, Jason, "Evidentialism, Vice, and Virtue", *Philosophy and Phenomenological Research*, 2009, 78 (3): 545-567.

② Gettier, Edmund, L., "Is Justified True Belief Knowledge?", *Analysis*, 1963, 23: 123-126.

1. 根据传统证据主义，如果关于某个事件的原因有两个互相竞争的假设，而我们拥有的证据同等地支持这两个假设（即我们没有好的证据相信其中一个假设更可能为真），那么我们不知道哪个假设为真。

2. 关于我为什么"看到"其他人，有两个互相竞争的假设：其一，怀疑主义假设：因为我出现了幻觉（我是缸中之脑），其实我"看到"的其他人并不存在；其二，反怀疑主义假设：因为其他人真实存在，而我的视力是可靠的：在很大程度上，我看到的世界是真实存在的。

3. 我没有好的证据相信反怀疑主义假设比怀疑主义假设更可能为真：我拥有的证据同等地支持二者。

4. 因此，根据传统证据主义，我不知道反怀疑主义假设是否为真。[1]

传统证据主义的主要竞争者之一是可靠主义，由 Alvin Goldman 等哲学家在 1970 年前后提出。在为网络版 *Routledge Encyclopedia of Philosophy* 撰写的词条 Reliabilism 中，Goldman 说可靠主义的一大优势在于能够较好地回应怀疑主义。根据可靠主义，一个人是否知道 p，主要依赖其信念 p 的产生过程是否可靠。如果一个人相信真命题 p，他的信念产生过程是可靠的（并且没有理由否定这个过程的可靠性），即使缺乏证据（不但缺乏支持 p 比¬p 更可能为真的证据，而且没有任何证据表明他的信念产生过程是可靠的），他也知道 p。因此，只要我是现实世界中的正常人（我通过观察和简单推理形成信念的过程是可靠的），我就知道反怀疑主义假设为真。与之相对，根据传统证据主义，即使我是现实世界中的正常人（我通过观察和简单推理形成信念的过程是可靠的），我也不知道反怀疑主义假设是否为真，因为我缺乏证据。

二　Conee 和 Feldman 的证据主义

Conee 和 Feldman 提出了一种新的证据主义，并在此基础上回应了对传统证据主义的几个批评。本节将简要介绍 Conee 和 Feldman 证据主义的内容。

---

[1] Cf. Vogel, Jonathan, "Cartesian Skepticism and Inference to the Best Explanation", *Journal of Philosophy*, 1990, 87 (11): 658–666.

（一）认知辩护

与传统证据主义不同，Conee 和 Feldman 把证据主义首先表述成一种认知辩护理论：

> S 的信念 p（在 t 时刻）是受到认知辩护的，当且仅当，S（在 t 时刻）拥有的证据支持其信念 p。

关于认知辩护，有三点值得澄清。首先，认知辩护是对英文 epistemic justification 的翻译。Justification 的原意是提供好的理由。[①] Justify the belief that p 是说为信念 p 提供理由，Justified belief 是受到好理由支持的信念（或合理的信念）。[②] Justifier 是指理由。在这个意义上，把 justification 翻译成"说理""辩护"或"证明"，都是适当的。本文从俗，将之翻译为"辩护"。[③]

其次，认知辩护不同于道德辩护（moral justification）和福祉辩护（prudential justification）。假设一个得了癌症的人相信他会康复，但没有证据表明他会康复。根据 Conee 和 Feldman 的证据主义，他的信念没有受到认知上的辩护，但从他的福祉角度来看，他的信念可能是受到辩护的（假设相信他会康复或会有助于他康复）。从道德角度来看，他的信念也可能是受到辩护的（假设相信他会康复不仅仅让他很快乐，也能让亲人和朋友很快乐）。

最后，认知辩护是相对于时间而言的：一个人的信念 p 在某个时间点是受到认知辩护的，并不意味着他的信念 p 在另一个时间点也是受到认知辩护的，

[①] Richard Feldman（2008：341）指出，传统上讲的 justification，是指 providing good reasons。

[②] 此处暂不考虑 propositional justification 和 doxastic justification 的区分，这个区分类似于下面提到的 Conee 和 Feldman 对于 justified belief 与 well-founded belief 的区别。

[③] 对这个翻译的一个疑虑是：许多哲学家（比如可靠主义者）认为，即使一个人不能为他的信念 p 提供理由，他的信念 p 也可能是 justified。不能为信念 p 提供理由，就是不能为之说理，不能为之辩护，不能证明它。在这个意义上，把 justification 翻译成说理、辩护或证明，似乎是不适当的。对此疑虑，我的回应是：一个人不能为他的信念 p 提供理由，并不意味着别人不能为他的信念辩护。假设 S1 相信 p，但不能提供相信的理由。而如果存在一个完全了解 S1 认知状态的人 S2，他能够为 S1 相信 p 辩护（这不是说 S2 能证明 S1 自己早晚有一天能提供理由），那么我们似乎仍可以说：S1 的信念 p 是基于好的理由，是合理的，是受到辩护的，即使 S1 从来没有听到——甚至没有意识到——S2 的辩护。一个类比：一个人不能为他的某个行为提供理由，并不意味着别人不能为他的那个行为辩护。而如果存在一个完全了解 S1 背景的人 S2，他能够为 S1 这个行为辩护，我们仍可以说：S1 的行为是基于好的理由，是合理的，是受到辩护的，即使 S1 从来没有听到——甚至没有意识到——S2 的辩护。

因为他在不同的时间点可能拥有不同的证据。假设你开始相信某个人是凶手，只是因为此人右眼下方有一颗痣。后来你获得了警方的调查报告，很得意地对朋友说："我早知道那人是凶手！"Conee 和 Feldman 会反对你这个说法。他们会说，一开始你的信念不是受到认知辩护的，看了调查报告之后，你的信念才是受到认知辩护的。

（二）什么是证据

Conee 和 Feldman 之证据主义的要旨是：我们为自己的信念进行认知辩护的理由只能是证据。什么是证据？Conee 和 Feldman 把证据分成两种：其一是原初证据（ultimate evidence），其二是衍生证据（intermediate evidence or derivative evidence）。假设你看到梨花和桃花的颜色，从而相信梨花是白色的，桃花是红色的，由此你推出花不是只有一种颜色。在这个例子中，你看到梨花的颜色，是你相信梨花是白色的证据。你看到桃花的颜色，是你相信桃花是红色的证据。这种证据被 Conee 和 Feldman 称为原初证据。你相信梨花是白色的和桃花是红色的，是你相信花不是只有一种颜色的证据。这种证据被 Conee 和 Feldman 称为衍生证据。显然，衍生证据依赖于原初证据。

Conee 和 Feldman 认为构成原初证据的不是主体的信念，也不是主体的知识，而是主体的知觉经验（perceptual experience）、记忆经验、内省经验、先验直观等。具体言之：

> **知觉经验作为证据**：你相信梨花的颜色是白色的，证据是你看到梨花的颜色；你相信前面有一辆车，证据是你看到前面的车；你相信屋子是暖和的，证据是你感觉到屋子暖和。
>
> **记忆经验作为证据**：你相信今天你看到的某个人与昨天你看到的某个人是同一个人，证据是你记得昨天你看到的那个人的样子，也记得今天你看到的那个人的样子。
>
> **内省经验作为证据**：你相信【你相信学哲学是有价值的】，证据是你内省到你的心灵状态包含【你相信学哲学是有价值的】。（"如果 S 相信 p，那么 S 相信自己相信 p"这个原则是否成立，有很大争议，这里不讨论。）
>
> **先验直观作为证据**：对于"有些狗不是动物""所有的单身汉都是男人"这类分析命题，通常略加思考我们就能意识/直观到构成这类命题的概

念之间的关系（比如"狗"与"动物"这两个概念之间的关系，"单身汉"与"男人"这两个概念之间的关系），就能判断这类命题的真假。对构成这类命题的概念之间的关系的直观，是相信这类命题是真（或假）的证据。

为什么主体的知觉经验、记忆经验、内省经验、先验直观等可以作为原初证据呢？Conee 和 Feldman 在"Evidence"一文中的回答是：对于 S 而言，e 是支持其信念 p 的原初证据 [即 e 能够被 S 用来为信念 p 辩护↔e 是 S 的心理状态（mental state）]，而 p 属于一组命题，这组命题是 S 所能意识到的对 e 的最佳解释（the best explanation that is available to S）。我们可以把此观点称为"证据的解释主义"。[①]

对于这一观点，有两点值得注意。首先，Conee 和 Feldman 认为只有一个人的心理状态才能构成他相信某个命题的证据。我们的心理状态是我们能意识到的东西。我们意识不到的东西不能成为支持我们信念的证据。在这个意义上，Conee 和 Feldman 是内在主义者。内在主义认为，只有内在于我们心灵的东西才能用来为一个信念辩护，成为支持这个信念的理由/证据（justifier）。"x 内在于 S 的心灵"的意思是 S 能意识到 x。我们能意识到自己的感觉经验、内省经验、直觉、记忆内容、信念等。根据内在主义，只有这些东西才能用来为一个信念辩护。外在主义是内在主义的否定，认为有些外在于我们心灵的东西也能用来为一个信念辩护。

其次，Conee 和 Feldman 采取了与科学中"如果一个假设最佳解释了我们的观察，那么我们的观察是支持这个假设的证据"这个原则类似的观点。以知觉经验为例。为什么你看到白色的梨花？如果梨花不是白色的，或者你处在没有光的情况下，或者你的视力有严重缺陷，你不会看到白色的梨花。因此，对于你看到白色的梨花，最佳解释是：梨花是白色的 + 光线是正常的 + 你的视力也是正常的（ + 其他一些条件）。"梨花是白色的"这个命题属于这个最佳解释的一部分。因此，【你看到白色的梨花】这个知觉经验对你而言是相信

---

① Conee 和 Feldman 的学生 Kevin McCain 发展了这个观点，主张：A person, S, with evidence e at t is justified in believing p at t iff at t S has considered p and: either (i) p is part of the best explanation available to S at t for why S has e, or (ii) p is available to S as a logical consequence of the best explanation available to S at t for why S has e. 其中（ii）似乎是为了处理 Conee 和 Feldman 所说的衍生证据。cf. McCain, Kevin, "Explanationist Evidentialism", *Episteme* 10. 3（2013）：299 – 315.

【梨花是白色的】这个命题的证据。^① 当然，在一个笛卡尔式的恶魔世界中，为什么你看到白色的梨花？对于恶魔而言，最佳解释是：你看到的梨花其实并不存在，他的操控让你出现了幻觉。假设恶魔特别邪恶，特别神通广大，他不仅让你相信事实上不存在任何恶魔，而且让你相信不可能存在任何恶魔（就像不可能存在圆的方一样）。因此，恶魔拥有的最佳解释对你而言显然不是最佳解释。对你而言，你能获得（意识到）的最佳解释是：梨花是白色的 + 光线是正常的 + 你的视力也是正常的（ + 其他一些条件）。根据 Conee 和 Feldman 的观点，即使是在恶魔世界中，【你看到白色的梨花】这个知觉经验对你而言仍是支持【梨花是白色的】的证据，不是支持【梨花不存在，你被恶魔操控】的证据。这意味着 Conee 和 Feldman 认为即使 S 有很强的证据支持 p，p 也可能为假，并且 p 不一定比¬p 更可能为真。

（三）知识定义

Conee 和 Feldman 不仅仅把证据主义当作一种辩护理论，还提出了证据主义的知识定义。他们认为，辩护是知识的必要条件之一。在他们看来，如果 S（在 t 时刻）没有证据支持其信念 p，那么 S（在 t 时刻）不知道 p。Conee 和 Feldman 在著作中也零星地提到"知道 p"的一些其他必要条件。综合他们在不同地方的论述来看，他们对知识的定义似乎是：

> S 知道 p，当且仅当，S 相信 p，p 为真，S 有足够强的证据相信 p，S 是基于这些证据相信 p，并且没有会削弱 S 证据之强度的东西（no defeaters）。^②

---

① 有人可能会问："光线是正常的/你的视力是正常的"也是【梨花是白色的】这个命题的证据么？Conee 和 Feldman 没有回答这个问题。感谢徐子涵的反馈。

② 在 *Evidentialism* 一书中，Conee 和 Feldman 说："When a belief is based on justifying evidence, then, in our terms, the belief is 'well-founded'. It is a necessary condition for knowledge…When a person is in a Gettier case, the person's belief is 'externally defeated', with the result that the belief is not knowledge. Being undefeated is another necessary condition for knowledge." 但 Conee 和 Feldman 使用了 knowledge-level justification 这个概念，并将"being undefeated"包含到这个概念中。另外，在其教材 *Epistemology* 中，Feldman（2003：36－37）认为 No defeater Theory of Knowledge 不成立，他给出了另一种知识定义：S knows p = df.（i）p is true.（ii）S believes p.（iii）S is justified in believing p.（iv）S's justification for p does not essentially depend on any falsehood. cf. Feldman, Richard, *Epistemology*, Prrentice Hall（2003）.

对于这个定义，我们不禁要问：什么是足够强的证据？"有证据相信 p"与"基于证据相信 p"的区别是什么？"没有会削弱 S 证据之强度的东西"又是什么意思？下面我将逐一回答这些问题。

1. 足够强的证据

证据有强弱之分。如果你的导师说你的论文值得发表，这是支持【你的论文值得发表】的证据，因为你的导师是专家，在专业问题上，他说的话比外行具有更大的可信度。但你导师的话只是较弱的证据，因为他可能对你有正面的偏见（就像父母对孩子有正面的偏见）。假设不仅你的导师说你的论文值得发表，另外有两个不知道你是作者的专家也说这篇论文值得发表，并且这两个专家没有就这篇论文交流过意见，也没有跟你导师交流过意见，而是独立地审稿。三个专家的判断不谋而合，是支持【你的论文值得发表】的很强证据。不仅仅在学术问题上如此，在日常生活中也是如此。假设张三说他目击到甲昨晚 10 点左右在乙家附近出现。这是支持【甲昨晚 10 点左右在乙家附近出现】的证据。但这个证据不强，因为张三可能记错时间，也可能看错人，也可能就是故意编个故事让警察去调查甲。然而，如果李四和王五也说他们目击到甲昨晚 10 点左右在乙家附近出现，并且李四、王五和张三这三个人互不认识，没有说过话，那么这是支持【甲昨晚 10 点左右在乙家附近出现】的很强证据。

Conee 和 Feldman 认为，要知道 p，你必须有足够强的证据相信 p。他们是可错主义者：足够强的证据不必是确凿无疑的证据——即使 S 基于足够强的证据相信 p，p 也可能为假。他们写道："证据主义不加论证地断定：知识不需要绝对的确定性。证据主义对怀疑主义的回应跟非证据主义一样，都诉诸了可错主义，但没有论证可错主义是正确的。"[①] 这句话有一点不准确，因为某些哲学家论证了可错主义是正确的。比如，对怀疑主义的摩尔式回应可以被解读为对可错主义的论证。摩尔原则是：如果 p 比 q 更可信，那么用 q 去否定 p 的论证是不好的。以下三个命题不能同时为真：（a）我知道他人存在；（b）我不是绝对地确定他人存在，即没有确凿不移的证据相信他人存在；（c）知识需要确凿不移的证据（绝对的确定性）。其中（b）是怀疑主义者与非怀疑主

---

① Conee, Earl Brink & Feldman, Richard, *Evidentialism: Essays in Epistemology*, Oxford: Oxford University Press, 2004, p. 296.

义者共同接受的，（a）比（c）更可信。根据摩尔原则，用（b）和（c）去否定（a）是不合理的，用（a）和（b）去否定（c）更合理些。因此，知识不需要确凿无疑的证据（即不需要绝对的确定性）。

但可错主义并不放水：要知道 p，你的证据必须足够强，弱的证据是不够的。但强到何种程度，才算足够强呢？Conee 和 Feldman 采取了"刑事案件的标准"（the criminal standard）。中国的证据主义者胡适用"老吏断案"来比喻学术研究。根据刑事案件中定罪的法律标准，法官在判处某人犯了偷窃或杀人等罪时，给出的证据必须足够强，强到能排除任何合情合理的怀疑（beyond a reasonable doubt）。刑事案件的标准比我们日常生活中的标准要高。日常生活中，如果你的朋友张三告诉你他昨晚在乙的楼下看到了甲，你就有好的理由（justified）相信甲昨晚曾在乙的楼下。换言之，张三的证词对你而言就是相信"甲昨晚曾在乙的楼下"的足够强的证据。但根据刑事案件的标准，张三的证词远远不是足够强的证据。仅仅凭借一个人的证词，不足以下任何结论。Conee 和 Feldman 认为刑事案件判决关于"足够强的证据"的标准才是知识所需要的那种辩护（the knowledge-level justification）的标准。

另一个跟"足够强的证据"相关的是"总体证据"这个概念。存在支持 p 的证据，并不意味着不存在反对 p 的证据。假设警察通过调查发现刺死乙的刀上有甲的指纹，这是支持【甲是凶手】的证据。假设随着调查的深入，警察又发现甲并不具有作案时间——法医鉴定出了乙的死亡时间，而甲在那个时间正在 1000 公里外的地方参加婚礼。这是反对【甲是凶手】的证据。当出现反对性证据的时候，并不意味着之前发现的支持性证据不再是证据——对于警察而言，【刺死乙的刀上有甲的指纹】仍是支持【甲是凶手】的证据。只是目前的反对性证据强于支持性证据。所以，总体而言，警察拥有的总体证据并不支持【甲是凶手】。假设随着调查的进一步深入，警察又发现以下事实：甲和乙有感情纠纷；在乙死亡之前的两天，甲买了一把尖刀，跟刺死乙的刀是一模一样；甲买了迷幻药；甲曾多次劝乙自杀。这些事实的发现，又构成支持【甲是凶手——在乙神志不清的时候教唆乙自杀】的证据。在这种情况下，【甲并不具有作案时间】仍是反对【甲是凶手】的证据。只是目前的支持性证据强于反对性证据。所以，警察拥有的总体证据又支持【甲是凶手】。Conee 和 Feldman 认为，要知道 p，你拥有的支持 p 的总体证据必须足够强。

2. "有证据" 与 "基于证据"

Conee 和 Feldman 还区分了【有证据相信 p】与【基于证据相信 p】。他们认为：

S 基于证据相信 p↔S 有证据相信 p，并且 S 因为这些证据而相信 p。

假设你看到甲和乙昨天晚上吵架了，也得知杀死乙的那把刀上有甲的指纹，也知道在乙死亡的时间有人看到甲从乙的家里出来。对你而言，这些是相信甲是凶手的证据。假设你也相信甲是凶手，但不是因为这些证据，而是因为你发现甲的眼睛下面有颗痣，你又相信眼睛下面有痣的人都是杀人犯。根据证据主义者的观点，你虽然拥有支持"甲是杀人犯"的证据，但你之所以相信甲是杀人犯，不是基于证据——你的信念不是建立在证据的基础上。

Conee 和 Feldman 把有证据支持的信念称为"受到辩护（有好理由支持）的信念"（justified belief），[1] 把基于证据的信念称为"基于好理由的信念"（well-founded belief）。他们认为 Gettier 所批评的 JTB 定义（justfied true belief）中"受到辩护的信念"是指有好理由支持的信念，而非基于好理由的信念。但这个观点似乎是错误的。在 Gettier 给的两个例子中，主角 Smith 的信念都是基于证据（＝好的理由）。JTB 定义中的"受到辩护的信念"对应的应该是他们所谓的"基于好理由的信念"。

3. 未被削弱的证据

Conee 和 Feldman 认为，S 知道 p，当且仅当：（i）S 基于足够强的证据相信真命题 p，并且（ii）没有会削弱 S 证据之强度的东西。在前几小节本文澄清了（i）。本小节将简短地澄清（ii）。

"没有会削弱 S 证据之强度的东西"的意思是：不存在一个真命题，S 尚未意识到这个命题为真，但一旦 S 意识到这个命题为真，它就能够削弱（defeat）

---

[1]　Conee 和 Feldman（2008：94）又补充说：你必须能够意识到你的证据支持 p，你的信念 p 才算是受到辩护的（justified）。他们给出了一个例子：假设 S 知道一些命题，而这些命题在逻辑上蕴涵命题 p。但从 S 知道的这些命题到 p 的逻辑路线可能很复杂，超出了 S 的理解，甚至超出了任何人的理解。直觉上，S 没有好的理由/证据相信 p，她的信念是没有受到辩护的（unjustified），即使 p 是被她的证据——她知道的那些命题——所蕴涵。注意：一个人有证据支持 p，也能够意识到这个支持关系，但仍可能不是基于这些证据而相信 p。参见 Conee, Earl & Feldman, Richard, Evidence, In Quentin Smith（ed.）, *Epistemology: New Essays*, Oxford University Press, 2008。

S 之证据的强度，使得 S 之相信 p 不再是受到辩护的（unjustified in believing p）。①

假设你相信（P）小王偷了你的手表，证据是（R1）你看到他戴的手表跟你丢的手表很像，并且（R2）小王有小偷小摸的名声。假设 R1 和 R2 为真，那么你有很强的证据相信 P。但实际上，（D）你的手表被你遗忘在你家的浴室里，你没有意识到 D。但如果你同时意识到 R1，R2 和 D，那么你就没有很强的证据相信 P。换言之，一旦你意识到 D，它就削弱了 R1 和 R2 的证据效力。哲学家称 D 这样的真命题为（证据效力的）削弱者（defeater）。②

Conee 和 Feldman 区分了两种削弱者。一种是直接削弱支持 p 的证据的效力，另一种是直接支持¬p 的正面证据，它间接地削弱了支持 p 的证据的效力。比如在你找到手表之前，你的朋友小李告诉你："小王最近中奖了，获得一大笔钱，前几天我陪着小王去某个商店买了一块名贵的表，跟你那个表同一品牌同一款式，这两天小王又打算买一辆名贵的车。"小李的证词是支持"小王没有偷你手表"的直接证据，同时也间接地削弱了 R1 和 R2 支持"小王偷了你手表"的证据效力。③

三 对传统批评的回应

前文说明了 Conee 和 Feldman 证据主义的基本内容。本节将说明 Conee 和 Feldman 如何回应对传统证据主义的几个批评，并对其回应进行简单的评估。

（一）对于实用主义批评的回应

实用主义对证据主义的批评是：传统证据主义认为无证不信，我们必须跟着证据走，但有时候虽然主体缺乏支持 p 的证据，但仍可以（甚至应该）相信 p。

---

① 我这里对 defeater 的定义与 Feldman 在某些地方的说法略有不同，但核心意思是一样的。

② 削弱有程度之别。假设 E 是本来被当作证据的东西。有时候一个 defeater 能在很大程度上削弱 E，使得 E 的证据效力接近为零，但有时候一个 defeater 仅在一般程度上削弱了 E 的证据效力，使得 E 并不足够强——不足以使得一个信念受到辩护。因此，把 defeater 翻译成"否决性的证据"或"证据的否决者"似乎都不妥。

③ 赵海丞在个人通信中提醒我："削弱"这个词似乎不太合适。因为根据 Pollock，defeater 有两种：undercutting defeater 和 rebutting defeater。假设你基于证据 e 而相信 p，undercutting defeater 是削弱证据 e 效力的东西，rebutting defeater 是直接支持¬p 的东西。把 defeat 翻译成削弱很容易让人就想到 undercutting defeater。这一观点预设了直接支持¬p 的东西可能不是削弱证据 e 效力的东西。另感谢文学平和徐子涵对这一节的反馈。

对此，Conee 和 Feldman 会说，我们可以区分两种应该：认知上的应该与非认知上的应该。前文提到，Conee 和 Feldman 区分了认知辩护与非认知辩护。一个人的信念 p 即使没有受到认知上的辩护，也可能受到了非认知上的辩护。相应地，他们区分了两种信念伦理学，一种是关于认知义务的（认知上的应该），另一种是关于非认知义务的（非认知上的应该）。① 他们认为从认知角度出发，一个人不应该相信 p，当且仅当，如果他相信 p，那么他的信念 p 是没有受到认知辩护的。他们指出，从纯粹认知角度看，一个人不应该相信 p，并不意味着从道德或福祉角度看，一个人不应该相信 p。

对于认知义务与非认知义务的区分显然可以处理"跳远"和"科研"那两个例子。Conee 和 Feldman 会说：从纯粹认知角度看，你的确不应该相信你能跳过两米宽的悬崖。但从你的福祉角度看，你应该相信你能跳过——如果你不相信，很可能会丢了生命。同样，从纯粹认知角度看，你的确不应该相信存在那些尚未被任何人发现的规律。但从人类的福祉角度看，你作为一个科学家，应该相信那些规律存在。利用已被发现的自然规律，能极大地增进人类的福祉。如果科学家不相信存在那些尚未被任何人发现的规律，他们将很难继续从事对自然规律的探索，从而很难发现自然规律。②

Conee 和 Feldman 的回应虽然有几分道理，但仍有些违背我们的直觉。直觉上，"跳远"和"科研"那两个例子与"一个得了癌症的人毫无根据地相信他会康复"那个例子有点不同。在癌症那个例子中，从认知角度看，主体的信念显然不妥，但从福祉角度看，并无不妥。而在"跳远"和"科研"那两个例子中，不仅仅从福祉角度看无不妥，从认知角度看似乎也无不妥。

（二）对安于已有证据问题的回应

安于已有证据问题是：有时候一个人不应该基于已有的证据相信 p，即使他已有的证据支持 p。当他可以轻易地获得反面证据时，他应该努力收集反面证据。

---

① Cf. Feldman, Richard & Conee, Earl, "Evidentialism", *Philosophical Studies*, 1985, 48 (1): 15 - 34. Feldman, Richard, "Epistemic Obligations", *Philosophical Perspectives*, 1988, 2: 235 - 256; Feldman, Richard, "The Ethics of Belief", *Philosophy and Phenomenological Research*, 2000, 60 (3): 667 - 695.

② Feldman 对 James 的回应更细腻一点。Cf. Feldman, Richard, "Clifford's Principle and James's Options", *Social Epistemology*, 2006, 20 (1): 19 - 33.

Conee 和 Feldman 的回应是：认知义务和认知辩护一样，是相对于时间而言的。一个人在某个时间点应该相信 p，并不意味着他在另一个时间点应该相信 p，因为他在不同的时间点可能拥有不同的证据。在那个物理学家意识到同行的新发现之前，他相信自己推翻了相对论，在认知上是获得辩护的，他可以这么相信。一个类比：即使我们可以轻易地获得警方的调查报告，在读到调查报告之前，我们完全可以基于已有的证据相信某人是无辜的。

Conee 和 Feldman 承认，那个物理学家不应该忽视那个同行的研究，而应该收集证据。证据主义并不否认这一点。证据主义只是关于我们应该如何相信以及我们的信念是否受到辩护的理论，不是我们应该如何理性地追求真理的理论。①

Conee 和 Feldman 的回应有一定道理，但仍有不足之处。在物理学家的那个例子中，他的同行早就发表了一个新的发现。我们的直觉是：那个物理学家在他的同行发表了新的发现后，就不应该相信自己推翻了相对论，即使他一直没有意识到他同行的新发现。毕竟物理学家有认知义务了解同行的研究，而我们普通人没有认知义务去阅读警方的调查报告。

（三）对 Gettier 问题的回应

Gettier 对证据主义的批评是：传统证据主义认为受到充分证据支持的真信念是知识，但有时候，S 有充分的证据支持其信念 p，并且 p 为真，但 S 并不知道 p。

Conee 和 Feldman 赞同 Gettier 的批评，并把传统证据主义的知识定义修改如下：S 知道 p，当且仅当：（i）S 基于足够强的证据相信真命题 p，并且（ii）没有会削弱 S 证据之强度的东西。Conee 和 Feldman 认为，条件（ii）可以解决 Gettier 问题。为什么基于好理由的真信念不一定是知识？因为即使 S 基于足够强的证据相信真命题 p，但仍可能存在会削弱 S 证据之强度的东西，即仍可能存在这样一个真命题 q：S 尚未意识到这个命题为真，但一旦 S 意识到这个命题为真，它就能够削弱（defeat）S 之证据的强度，使得 S 的信念 p 不再受到辩护（unjustified）。在 Gettier 的"求职"例子中，Smith 虽然有很强的证据相信得到工作的那个人口袋里有 10 个硬币，但存在如下真命题：Smith 而非 Jones 得到了工作。

---

① Feldman, Richard & Conee, Earl, "Evidentialism", *Philosophical Studies*, 1985, 48（1）, p. 22.

一旦 Smith 意识到这个命题为真，就会削弱他原来拥有的证据的效力，使得他的信念不再是受到辩护的。因此，Smith 不知道得到工作的那个人口袋里有 10 个硬币。

（四）对怀疑主义的回应

怀疑主义的挑战是：根据传统证据主义，如果你的证据同等地支持 p 和¬p（即既不支持 p，也不支持¬p），那么你不知道 p 是否为真。这一"不知道"标准会导致怀疑主义，而一个好的知识论不应该导致怀疑主义。相反，一个好的知识论应该能解释为什么在现实世界中的正常情况下，我们可以通过知觉（观察）获得知识。①

Conee 和 Feldman 赞同"如果你的证据同等地支持 p 和¬p，那么你不知道 p 是否为真"这个观点。他们不认为这个观点会导致怀疑主义，因为他们认为我们有足够强的证据相信反怀疑主义假设比怀疑主义假设更可能为真。Conee 和 Feldman 写道：

> 恶魔假说通常对恶魔的存在、力量和欺骗性动机，以及我自己的存在完全没有解释。即使对这些事情给出解释，也不是简单明了的那种，而是很复杂的那种解释：要么是一台无比精巧智能的计算机，要么是邪恶的天才监视着我的思想，诱导我相信一切关于外部世界的假命题，并使我无法发现自己被骗，要么是一场大梦，梦中发生的事情前后连贯，有条有理。这些解释似乎是特设的（ad hoc），而且复杂可笑。当然还有一种解释，就是我的感觉经验是没有原因的，我突然就有这些感觉经验【不是我的感官与外部事物接触导致的，也不是恶魔的操控导致的】。但这个观点有一个明显的缺点：它无法解释为什么我的各种感觉经验是前后连贯，有条有理的（而非碎片化的），也无法解释为什么我的各种感觉经验与我的记忆是融贯的。相比较而言，日常的解释——我的感觉经验是由我的感官与外部事物接触导致的——则没有这些缺点，是最好的解释。②

---

① 当然，一个好的知识论也必须回答我们为什么可以通过证词、推理和记忆获得知识。

② Conee, Earl Brink & Feldman, Richard, *Evidentialism: Essays in Epistemology*, Oxford: Oxford University Press, 2004, p. 305.

Conee 和 Feldman 承认，以上这个回应太粗略，没有处理许多重要的相关问题，比如，更好解释的精确标准是什么？怀疑主义的另类解释——比如我是缸中之脑——究竟差在哪里？这些问题的确很难处理，但 Conee 和 Feldman 认为，他们的回应思路是有希望的。[①] 他们进一步认为，证据主义对怀疑主义的回应碰到这些难题，恰恰说明它的一个优点：证据主义能解释为什么怀疑主义那么有吸引力——因为要反驳怀疑主义，并不容易。Conee 和 Feldman 甚至说，如果最后发现他们的回应思路是错误的，那么怀疑主义就是正确的——怀疑主义的另类解释才是对我们感觉经验的最佳解释。

假设 Conee 和 Feldman 是正确的，即我们有足够强的证据相信反怀疑主义假设比怀疑主义假设更可能为真。那么，Conee 和 Feldman 的证据主义似乎可以解释为什么在现实世界中的正常情况下，我们可以通过知觉（观察）获得知识。考虑以下例子：

> **汽车**：阿一和几个朋友在星巴克边喝咖啡边聊天。她们坐在窗边，紧靠着街道，突然看到一辆黑色的车疾驰而过。她们担心会发生车祸，但仔细观察之后，并没有发现有人伤亡。她们都松了一口气。过了几分钟后，一个警察前来询问她们：刚才是否看到有辆黑色的车路过？阿一回答"是"，因为她刚刚清清楚楚地看到有一辆黑色的车疾驰而过，跟她同行的几个人也说她们清清楚楚地看到有一辆黑色的车疾驰而过。事实上，她们没有错：刚才的确有一辆黑色的车疾驰而过。她们生活在真实世界中。

在这个场景中，阿一显然知道刚才有一辆黑色的车疾驰而过。证据主义似乎并不能解释为什么阿一知道刚才有一辆黑色的车疾驰而过。具体言之，根据证据主义的知识定义，S 知道 p，当且仅当：（i）S 基于足够强的证据相信真命题 p，并且（ii）没有会削弱 S 证据之强度的东西。阿一似乎符合这两个条件。令 p = 刚才有一辆黑色的车疾驰而过。在这个场景中，p 是真命题。阿一相信 p 是基于足够强的证据：她的观察和她几个朋友的证词。她拥有的这些证据强度也没有被削弱，即不存在这样一个真命题 q：阿一尚未意识到 q 为真，但一旦她意识到

---

q 为真，它能够削弱她拥有的证据的强度。因此，阿一知道刚才有一辆黑色的车疾驰而过。

传统的怀疑主义者可能会反驳说，阿一并不符合证据主义的条件（ii），因为存在一个真命题 q：阿一可能是缸中之脑（注意："阿一可能是缸中之脑"与"阿一其实是缸中之脑"是两个不同的命题）。阿一尚未意识到 q 为真，但一旦意识到 q 为真，它似乎就能够削弱阿一拥有的证据的强度。阿一拥有的证据是她的观察和她几个朋友的证词。如果她是缸中之脑，那么她观察到的东西其实不存在，她的朋友其实也不存在。因此，意识到自己可能是缸中之脑，似乎能削弱自己的观察和朋友的证词作为证据的效力。

Conee 和 Feldman 没有直接讨论这个反驳。① 但他们可能会回应说："可能"有两个意思：其一是逻辑上的可能（不自相矛盾，不是"p ∧ ¬p"这种形式），其二是现实的可能。② 我们可以用一个例子说明二者的分别。"今晚 7：50 莫言的身体和思想会变得跟鲁迅一模一样"逻辑上可能为真，因为这个命题不是自相矛盾的。但这个命题没有现实的可能性——现实中，"今晚 7：50 莫言的身体和思想会变得跟鲁迅一模一样"是不可能的。相反，"今晚 7：50 莫言会跟朋友一起打牌"具有现实的可能性。有些事的现实可能性比另一些事大。比如，"南京明年七月会下雨"和"南京明年七月会下雪"都有现实的可能性（夏季飞雪在物理上是可能的），但前者的现实可能性比后者的现实可能性大很多。Conee 和 Feldman 可能会说：毫无现实可能性、仅仅逻辑上的可能，不能成为证据的削弱者。假设某件命案发生的时候，你在千里之外，并且你这一年之内从来没跟死者有任何联系。这是"你不是凶手"的证据。逻辑上，你可能在一秒钟内从千里之外飞到案发地点杀人，并且杀完人后在一秒钟内飞回千里之外。但意识到这个逻辑上的可能，不会削弱支持"你不是凶手"的证据效力。同样，阿一只是在逻辑上可能是缸中之脑。"阿一是缸中之脑"不具有现实的可能性。意识到"阿一在逻辑上可能是缸中之脑"这个真命题，不会削弱支持"刚有一辆黑色的车疾驰而过"的证据的效力。

的确，可靠主义似乎也可以解释为什么我们能通过知觉（观察）获得知识。

---

① 他们讨论的是一个更弱的反驳：削弱者是"阿一其实是缸中之脑"（Conee & Feldman 2004：298 – 302）。但根据场景设定，这个命题为假，根本不能成为削弱者。

② 现实的可能性大略相当于 Conee & Feldman（2004：301）所谓的"物理上的可能性"（physical possibility）。什么在物理上是可能的，依赖于我们目前的物理学理论。

然而，可靠主义似乎会导致一些反直觉的后果。Laurence BonJour 给出了一个反驳可靠主义的经典反例：

> **千里眼**：在正常情况下，Norman 对于某些事情有千里眼一般的能力。如果闭上眼睛，他能清清楚楚地"看到"千里之外的东西，并且相信自己"看到"的东西是真实的。这个信念形成过程 100% 可靠。然而，Norman 没有任何证据相信一个人可能会具有千里眼的能力，也没有任何证据相信他自己具有这种能力（他没有通过新闻报道或实际考察来验证自己过去关于千里之外的信念是否为真）。有一天，美国总统秘密访问纽约市，没有任何新闻报道。远在千里之外的 Norman 运用他特殊的能力而相信美国总统此刻在纽约市，尽管他没有任何证据支持这个信念。①

根据可靠主义，Norman 的信念是受到辩护的。但根据 BonJour 以及许多人的直觉，Norman 的信念显然是非理性的，不是受到辩护的。Conee 和 Feldman 认可这一直觉。在他们看来，"千里眼"这个例子说明了证据主义有不可磨灭的洞见：千里眼 Norman 的信念之所以是没有受到辩护的，是因为他缺乏相关证据。

四　Conee 和 Feldman 证据主义面临的困难

到目前为止，我们看到 Conee 和 Feldman 的证据主义的确能够在一定程度上处理传统证据主义面临的问题，有胜过传统证据主义之处。但 Conee 和 Feldman 的证据主义也面临着一些新的困难。本节将介绍其中的三个。

（一）实用因素入侵

某些哲学家反对证据主义，理由是一个人知道 p，不仅仅取决于此人是否拥有支持 p 的证据，还取决于相关的实用因素。这一观点被称为"实用因素侵入"（pragmatic encroachment），这一术语是 Jonathan Kvanvig 发明的。考虑以下例子：

---

① BonJour, Laurence, *The Structure of Empirical Knowledge*, Cambridge, MA, USA: Harvard University Press, 1985, p. 41.

低风险：今天是12月的最后一个星期五。小王和他的未婚妻小李下午开车回家。他们计划顺道在银行把他们这个月的工资存起来。当他们经过银行时，发现里面的队伍非常长（每个星期五下午银行都非常忙碌）。小李意识到他们不着急今天存钱，因为离他们还房贷的截止日期还有7天。她对小王说："我知道银行明天会开门，因为我两周前的星期六早上刚去过那里，所以我们可以在明天早上把工资存入银行。"事实上，明天银行的确会开门。

高风险：今天是12月的最后一个星期五。小王和他的未婚妻小李下午开车回家。他们计划顺道在银行把他们这个月的工资存起来。当他们经过银行时，发现里面的队伍非常长（每个星期五下午银行都非常忙碌）。小李意识到他们可以明天存钱，因为他们还房贷的截止日期是后天。她对小王说："我知道银行明天会开门，因为我两周前的星期六早上刚去过那里，所以我们可以在明天早上把工资存入银行。"但小王说："银行经常调整办公时间，要是他们明天不开门，我们就无法按时还房贷，后果很严重。"小李赶紧说："我不知道银行明天会不会开门啊，我们还是现在下车去问一下银行吧。"事实上，明天银行的确会开门。①

一些哲学家认为，我们的直觉是：在低风险例子中，小李知道明天银行会开门；但在高风险例子中，小李不知道明天银行会开门。

但根据Conee和Feldman的证据主义，在低风险和高风险例子中，小李的认知状态是一样的，因为她拥有的证据（以及是否有证据削弱者）是一样的。在低风险例子中小李知道明天银行会开门，在高风险例子中小李也知道明天银行会开门。因此，一些哲学家认为Conee和Feldman的证据主义不能处理实用因素侵入的问题。

Conee和Feldman的回应是：姑且承认有些人的确有如下直觉：小李的信念在低风险例子中是受到辩护的，在高风险例子中是没有受到辩护的。对于这个直觉的最好解释是：关于一个信念是否受到辩护（受到比较强的证据支持），我们的看法是可错的。有时候我们觉得我们拥有的证据已经比较强，但稍作反思，

---

① 这两个例子改编自 Stanley, Jason, *Knowledge and Practical Interests*, Oxford：Oxford University Press, 2005, pp. 3 - 4。

我们又会觉得我们拥有的证据还不够强。在高风险例子中，小李先觉得支持自己信念的证据比较强，听了小王的话后，又重新评估了证据，觉得证据还不够强，所以小李后来说她不知道银行明天是否会开门。她（以及我们）对证据的评估发生改变，并不意味着证据的客观强度发生改变。在低风险和高风险例子中，小李受到的辩护其实是一样的，因为她的证据是一样的，证据的客观强度并不会受到实用因素的影响。

这个回应直接否定了"在低风险和高风险例子中，我们对于证据的直觉性评估发生改变"并不是"证据的强度在这两个例子中不同"的证据。但对于为什么前者不是后者的证据，Conee 和 Feldman 并没有进一步论证。因此，这个回应是不充分的。

Conee 和 Feldman 又说，他们的证据主义只是说：如果二人关于 p 的证据是一样的，那么他们的信念 p 受到辩护的程度是一样的。他们没有说：如果二人的信念 p 受到的辩护是一样的，那么他们是否知道 p 也是一样的。他们承认，在低风险和高风险例子中，小李受到的辩护是一样的，但不必承认在低风险和高风险例子中，小李都知道（或不知道）明天银行会开门。或许知识不仅仅取决于证据，还取决于实用因素，他们并不排除这个可能。然而，根据 Conee 和 Feldman 对知识的定义，这个回应似乎不能成立，因为在低风险和高风险例子中，是否存在证据削弱者，也是一样的。

（二）误导性的证据削弱者

根据 Conee 和 Feldman 的证据主义，知识的一个必要条件是无削弱者（no defeaters）。但这个要求似乎过于严格。考虑以下例子：

考试：假设小明和小红是高中生，他们的数学都很好，但小红的数学更好一些，小明也认识到小红的数学更好。假设他们正在参加一个数学考试。小明正确计算出某道数学题的答案是 23。他推理的每一步都很正确，展现了良好的数学能力。但假设小红一时粗心，在某一步推理出错，得出了一个错误的答案 34。因为小明和小红正在考试过程中，他们无法交流，互相不知道对方的答案。

直觉上，小明知道那道数学题的正确答案是 23。但根据 Conee 和 Feldman 的证据主义，小明并不知道，因为存在一个真命题 q（＝小红相信那道数学题的正确答案是 34），小明尚未意识到 q 为真，但一旦意识到 q 为真，它就能够削弱（defeat）小明之证据的强度，使得小明的信念不再是受到辩护的。

（三）被遗忘的证据

某些哲学家认为，以下例子揭示了证据主义的严重缺陷：

> **被遗忘的证据**：在 3 年前，S1 基于 E1 而相信 p，S2 基于 E2 而相信 p。S1 知道 p，但 S2 不知道 p，部分因为 E1 是支持信念 p 的足够强的证据，但 E2 不是。三年后 S1 彻底忘了 E1，而 S2 彻底忘了 E2。S1 和 S2 都记不得当初是基于什么而相信 p，但都一直相信 p，都对 p 为真充满信心，并且都相信【自己当初是因为非常强的证据而相信 p】。这三年 S1 和 S2 都没有获得新的关于 p 的证据。①

许多哲学家认为，直觉上，在三年后，S1 的信念 p 依旧是受到辩护的，依旧知道 p（跟三年前一样），而 S2 的信念 p 依旧是没有受到辩护的，依旧不知道 p（也跟三年前一样）。

但根据 Conee 和 Feldman 的证据主义，在三年后，S1 的信念 p 是没有受到辩护的（因此 S1 不再知道 p），因为这个信念已经不再是基于好的证据（如果 S1 意识不到 E1，那么根据 Conee 和 Feldman 的证据主义，E1 就不能构成 S1 信念的证据）。因此，许多哲学家认为 Conee 和 Feldman 的证据主义不能处理被遗忘的证据问题。

五　责任知识论

本节试图在吸取 Conee 和 Feldman 证据主义之洞见的基础上，提出一个新的知识定义——责任知识论，并论证这个新定义可以处理 Conee 和 Feldman 证据主义面临的困难。

责任知识论对知识的定义是：S 知道 p，当且仅当，（i）S 以认知上负责的

---

① 我修改了 Goldman 等人对该例子的表述，以使得 Conee & Feldman 的回应不能成立。

方式相信真命题 p，并且（ii）即使 S 获得全面的信息（所有与 p 相关的真信念），也不会使得 S 以原来的方式相信 p 变得在认知上不负责。①

责任知识论与 Conee 和 Feldman 的证据主义不同。根据 Conee 和 Feldman，S 知道 p，当且仅当，（i）S 基于足够强的证据相信真命题 p，并且（ii）没有会削弱 S 证据之强度的东西。责任知识论与这个定义有两个不同：

首先，"S 以认知上负责的方式相信真命题 p" 不等价于 "S 基于足够强的证据相信真命题 p"。比如有时候 S 虽然跟着证据走，但并不是在认知上负责的。假设 q 是否为真是个很重要的问题，而 S 不相信 q，因为他意识到自己目前拥有的证据并不支持 q。又假设 S 可以很轻易地找到很多支持 q 的证据，但他却出于理智上的懒惰或傲慢，不去寻找这些证据，选择不相信 q。在这个例子中，S 不相信 q，是跟着证据走，（根据证据主义）在认知上是受到辩护的。但我们的直觉是：S 不是以认知上负责的方式相信 p。② 又比如，一个人是否是认知上负责的，部分依赖于实用因素：在一个非常重要又不紧迫的问题上，如果一个人不仔细收集证据，不谨慎推理，不与同行商榷，不反复核查，那么这个人不是认知上负责的；但在一个日常问题上，如果一个人只是基于已有的证据独自做出与证据相适当的判断，没有收集更多的证据，也没有 "战战兢兢、如履薄冰" 地推理，也没有与同行商榷和反复核查，他也是认知上负责的。③

责任知识论与证据主义的这一区别可以使得责任知识论比证据主义更好地处理 "实用因素侵入" 问题。在高风险的例子中，小李基于已有证据相信明天银行会开门，在认知上是不负责的。她需要收集更多的证据。因此，根据责任知识论，小李不知道明天银行会开门。但在低风险例子中，小李基于已有证据相信明天银行会开门，在认知上是负责的。此外，即使小李获得全面的信息，也不会使得她以原来的方式相信明天银行会开门变得在认知上不负责。因此，根据责任知识论，小李知道明天银行会开门。

责任知识论与 Conee 和 Feldman 证据主义的知识定义另一个不同之处在于："即使 S 获得全面的信息（所有与 p 相关的真信念），也不会使得 S 以原来的方

---

① 什么是认知上负责，是个重要的问题，但此处无须展开讨论。Cf. Peels, Rik, *Responsible Belief: A Theory in Ethics and Epistemology*, Oxford: Oxford University Press, 2016.

② 这个例子表明认知上是否负责不完全是内在的：不是只有主体能够意识到的东西才决定主体相信 p 的方式是否负责。

③ Foley 也注意到这一点，参见 Foley, Richard, "Justified belief as responsible belief", In Ernest Sosa & Matthias Steup（eds.）, *Contemporary Debates in Epistemology*, Blackwell, 2005, pp. 313 – 326。

式相信 p 变得在认知上不负责"不等价于"没有会削弱 S 证据之强度的东西：不存在一个真命题，S 尚未意识到这个命题为真，但一旦 S 意识到这个命题为真，它就能够削弱（defeat）S 之证据的强度，使得 S 的信念 p 不再是受到辩护的"。

责任知识论与证据主义的这一区别可以使得责任知识论比证据主义更好地处理"误导性证据削弱者"问题。在"考试"的例子中，小明知道那道数学题的正确答案是 23。证据主义无法解释为什么小明知道，因为存在一个真命题 q（q = 小红相信那道数学题的正确答案是 34），小明尚未意识到 q 为真，但一旦意识到 q 为真，它就能够削弱（defeat）小明之证据的强度，使得小明的信念不再是受到辩护的。但责任知识论可以解释为什么小明知道。因为如果小明获得全面的信息，他不仅相信 q 这个真命题，也相信 r 这个真命题（r = 小红因为粗心出错才相信那道数学题的正确答案是 34），这不会使得他以原来的方式相信那道数学题的正确答案是 23 变得在认知上不负责。①

此外，责任知识论比证据主义更好地处理了"被遗忘的证据"问题。证据主义无法解释为什么三年后 S1 依旧知道 p（虽然他忘了支持 p 的证据 E1）。责任知识论会说：对于"三年后 S1 是否知道 p？"这个问题，需要分情况处理。情况一：三年前 S1 基于 E1 相信 p，但不相信 q 和 r，因为他意识到 E1 支持¬q 和¬r。三年后 S1 忘了 E1，但相信 p，同时相信 q 和 r。在这种情况下，三年后 S1 不再以认知上负责的方式相信 p，因此不知道 p。情况二：三年前 S1 基于 E1 相信 p，但不相信 q 和 r，因为他意识到 E1 支持¬q 和¬r。三年后 S1 虽然忘了 E1，但依旧相信 p，依旧不相信 q 和 r（以及任何 E1 的反对命题）。在这种情况下，三年后 S1 还是以认知上负责的方式相信 p。此外，即使 S1 获得全面的信息（所有与 p 相关的真信念），也不会使得 S1 以原来的方式相信 p 变得在认知上不负责。因此，S1 依旧知道 p。

结　语

综上所述，在 Conee 和 Feldman 之前，对于传统证据主义的批评，有四个

---

① Peter Klein 区分了 misleading defeaters 和 genuine defeaters，但这个区分引起了许多质疑。责任知识论的解决方案显然更好。

影响比较大：其一，实用主义的批评；其二，安于已有证据问题；其三，Gettier 问题；其四，怀疑主义的挑战。Conee 和 Feldman 提出了一种新的证据主义，并在基础上回应了这四个批评。但他们的证据主义仍面临一些困难。本文在吸取他们洞见的基础上提出了一种新的理论：责任知识论。责任知识论可以处理 Conee 和 Feldman 证据主义面临的困难。

［基金项目：国家社科基金重大项目（18ZDA031）］

（本文编辑：顿新国）

A Critical Examination of Conee and Feldman's Evidentialism

HU Xing-ming

Abstract：This paper briefly addresses the following three questions：What were the challenges to traditional evidentialism before Conee and Feldman? How did Conee and Feldman respond to these challenges? And what are the objections to Conee and Feldman's evidentialism? This paper also briefly argues that a responsibilist theory of knowledge is better than Conee and Feldman's evidentialism.

Keywords：Knowledge；Gettier's Problem；Evidentialism；Responsibilist Theory of Knowledge

模态词对析取式的分配问题及其释疑

刘小飞

（华东师范大学哲学系）

摘　要： 逻辑学上，很多运算（联结词）对析取式都满足某种分配原则，如否定词对析取式的分配，合取词对析取式的分配，量词对析取式的分配；然而，分配原则并非在同一意义上适用于这里的各种情形，在分配之后所产生的公式中有些析取词保持不变而另一些则变成了合取词。这样的复杂性值得关注和解释。以模态词对析取式的分配为例，一种朴素的想法是，一元模态词对析取式的分配原则可刻画为 λ（A∨B）↔λA∨λB。然而，在模态语境中，这个"朴素分配原则"存在两类"反例"，其一是它不适用于必然算子，其二是析取有时需解读为合取。本文提出，不同于合取词、全称量词和必然模态等"强算子"，析取词、存在量词和可能模态均属于表示认知不确定性的"弱算子"，这一点可以解释为何"朴素分配原则"看上去时而成立时而又失效。根据此种分析法，我们不能孤立地揭示每一个联结词的逻辑性质，需要立足它们之间的义理关系从整体上理解各个联结词及其特性。

关键词： 析取式；分配；模态词；自由选择许可悖论

很多逻辑运算（联结词）对析取式都满足某种分配原则，例如否定词对析取式的分配，合取词对析取式的分配，量词对析取式的分配，模态词对析取式的分配；然而，分配原则并非在同一意义上适用于这里的各种情形，在分配之后所产生的公式中有些析取词保持不变而另一些则变成了合取词。这样的复杂性值得关注和解释。本文主要探讨广义模态逻辑中一元模态算子之于析取式的分配问题。一种朴素的想法是，模态词对析取式的分配原则可以表示为"λ（A∨B）↔λA∨λB"。本文从此种"朴素分配原则"谈起，结合形式语言和自然语言中相关模态表达式的用法特征，提出并讨论"朴素分配原则"所面临的两类"反例"，最后通过诉诸相关联结词之间在认知态度上的共同性和差异性，对这些"反例"现象给出一种逻辑哲学上的解释或消解。

一　模态词对析取式的"朴素分配原则"

经典命题逻辑中，所谓"分配律"通常是指"析取词对合取式的分配律"$A \vee (B \wedge C) \leftrightarrow (A \wedge B) \vee (A \wedge C)$ 与"合取词对析取式的分配律"$A \wedge (B \vee C) \leftrightarrow (A \vee B) \wedge (A \vee C)$。其中，"合取词对析取式的分配律"类似于数学上"乘法对加法的分配律"，意思是说：两个合式公式组成的析取式与第三个合式公式进行合取运算时，其结果等于这两个合式公式分别与第三个合式公式进行析取运算，然后再把析取运算的结果进行合取。该分配律其中一个方向上推理的有效性，证明如下：

1. $A \wedge (B \vee C)$　　　　　　　　　　前提
2. A　　　　　　　　　　　　　　　1，合取消去
3. $A \vee B$　　　　　　　　　　　　　2，析取引入
4. $A \vee C$　　　　　　　　　　　　　2，析取引入
5. $(A \vee B) \wedge (A \vee C)$　　　　　　　3，4，合取引入
6. $A \wedge (B \vee C) \rightarrow (A \vee B) \wedge (A \vee C)$　　1，5，演绎定理

需要指出的是，这里"分配"于各个析取支的联结词 $\wedge$ 是二元算子。然而，逻辑运算对析取式的可分配性，或许不只是"合取"这样的二元算子才满足。譬如，当代逻辑中标准的存在量词（用"$\exists$"表示），它也可以分配于析取式，相应的经典逻辑有效式为 $\exists_x (P_x \vee Q_x) \leftrightarrow \exists_x P_x \vee \exists_x Q_x$。对于此种可分配性，直观上，亦可给出一种解释：假设个体域中只有小明、小华两个人，小明会唱歌但不会跳舞，小华会跳舞但不会唱歌，则对于论域中的个体变元来说，以下断言同时成立：

（1）"有人会唱歌或跳舞"是真的；
（2）"有人会唱歌或者有人会跳舞"是真的。

相比合取词，标准的存在量词属于一元算子。或许，除存在量词之外，还有其他的一元算子对于析取式满足类似的分配原则。以"λ"表示任意的一元算

子，一个首先出现的朴素想法是，一元算子对析取式的分配原则似乎可以概括为"$\lambda (A \vee B) \leftrightarrow \lambda A \vee \lambda B$"。我们已经看到，当"$\lambda$"为存在量词时，它是成立的。现在，需要进一步思考的是，倘若"λ"为一元模态算子，这一分配原则是否仍然成立？

对于这种朴素分配原则，我们在广义模态逻辑中不难找到例证。譬如，标准模态逻辑中，"可能"算子 M 满足此种朴素分配原则。"可能"算子，借助于可能世界语义学，可粗略定义为：命题 p 是可能的（记为"Mp"），当且仅当存在至少一个可通达的可能世界 w，p 在 w 中为真。对于析取式 $p \vee q$ 而言，若 $p \vee q$ 是可能的 [记作"$M(p \vee q)$"]，则表明存在至少一个可能世界使得 p 为真或使得 q 为真，即 $Mp \vee Mq$。进一步观察发现，此种朴素分配原则已由真势模态推广到很多广义模态逻辑中。在标准道义逻辑中，"允许"算子 P 满足此种朴素分配原则。社会生活中，对于涉及规范、法律准则和伦理道德准则的命题，采用允许算子"P"刻画那些允许施行的行为规范，[①] 如：

(3) 允许旁听选修课

记为"Pp"。当然，允许做某事只是表达一种客观上能够施行的期望或承诺，并不能推知某人确实做出了此种行为，"允许小李去旁听这门课"并不能推出小李真的去旁听了这门课，只不过是基于可能世界语义学，可设想存在一个可能世界，该世界中小李去旁听了这门课。同样是借助于可能世界语义学，对于析取式 $p \vee q$ 而言，假若 $p \vee q$ 是允许的，则当且仅当存在至少一个可通达的可能世界，使得 p 是允许的或 q 是允许的，这意味着 $P(p \vee q) \leftrightarrow Pp \vee Pq$ 成立。此外，时态逻辑中，用以刻画"曾有过……情况"的弱过去算子 P 和"将有……情况"的弱将来算子 F，也均满足"朴素分配原则"，相应的有效式为 $P(p \vee q) \leftrightarrow Pp \vee Pq$ 和 $F(p \vee q) \leftrightarrow Fp \vee Fq$。[②] 前者的直观含义为，当断言过去曾发生过 $p \vee q$ 时，由此能推出或者过去曾发生过 p 或者过去曾发生过 q；后者的直观含义为，当断言将来会发生 $p \vee q$ 时，由此能推出或者将来会发生 p 或者将来会发生 q。

---

① 冯棉：《广义模态逻辑》，华东师范大学出版社 1990 年版，第 150 页。
② 冯棉：《广义模态逻辑》，华东师范大学出版社 1990 年版，第 306 页。

　　然而，我们在下文将看到：首先，被认为适用于可能算子的朴素分配原则并不适用于必然算子；其次，即便是可能算子也并非如早期模态逻辑学家所预想的那样可以简单适用"朴素分配原则"。我们姑且将此称作朴素分配原则在模态语境下的两类"反例"。解释朴素分配原则在这些情况下何以会出现"反例"，关系到我们如何全面而准确地把握析取词、模态词等相关联结词的逻辑含义。

二　第一类"反例"

　　第一类"反例"，从逻辑技术上看，是显而易见的。

　　首先来看必然算子 L，假若认为它满足所谓"朴素分配原则"，其形式应当为 L（p∨q）↔Lp∨Lq。但是当把"q"替换为"¬p"，则对于任何可能世界中的任何命题，总是可以断言 L（p∨¬p）为真，因为（p∨¬p）是重言式，根据必然化规则，一个命题是逻辑真理（即某一逻辑系统中的定理），便意味着它是必然的。从直观上看，把 p 解释为"亚里士多德是人"，把 q 解释为"亚里士多德不是人"，则 L（p∨q）意为必然"亚里士多德是人或亚里士多德不是人"，这无疑是对的。但是"亚里士多德是人"和"亚里士多德不是人"至少一个并非必然为真，即 Lp∨Lq 为假。故"L（p∨q）↛Lp∨Lq"。

　　同理可言，标准道义逻辑所刻画的必须（应当）算子 O（"必须 p"记为"Op"）也不满足朴素分配原则。直观上看，对于形式 O（p∨q）↔Op∨Oq，若把 p 解释为"旁听选修课"，q 解释为"不旁听选修课"，则等式左边 O（p∨q）意为必须"旁听或不旁听选修课"，这显然是真的。但是，通常情况下，旁听选修课不是必须的，不旁听选修课也不是必须的，Op 和 Oq 都为假，从而等式右边 Op∨Oq 为假。[1] 故对应于朴素分配原则的这个等值式不成立。

　　再譬如知道算子 K，亦不满足 K（p∨q）↔Kp∨Kq。可以构想一种反模型，假设远远看到公园里有个小孩，但看不清是男孩还是女孩，此时言说者可以断言，我知道公园里"或者是男孩或者是女孩"，但该言说者不能断言，他知道公园里是男孩或者他知道公园里是女孩。即，若令 p 表示"是男孩"，q 表示"是女孩"，则 K（p∨q）↛Kp∨Kq。

---

① 冯棉：《广义模态逻辑》，华东师范大学出版社 1990 年版，第 159 页。

更甚至，近年来被广泛讨论的能力模态①（ability modals，亦可看作是一元模态算子，刻画为"A"），也不满足此种朴素分配原则。这一观点最早由肯尼（A. Kenny）② 提出，他的论证如下：已知有一名技术娴熟的飞镖运动员杰瑞，他确实有能力击中镖靶，由于击中镖靶就意味着击中上半部分或下半部分，所以我们能够断言：

（4）杰瑞有能力击中镖靶的上半部分或下半部分。

但是如果杰瑞没有足够的技术去击中他想击中的任何一个特定区域，那么我们似乎不能断言：

（5）杰瑞有能力击中镖靶的上半部分或者他有能力击中镖靶的下半部分。

若令 p 表示"击中上半部分"，q 表示"击中下半部分"，则（1）形式刻画为 A（p∨q）；（2）形式刻画为 Ap∨Aq。很明显，我们无法由 A（p∨q）推得 Ap∨Aq。其背后的直觉在于，倘若某些行为使得 p∨q 为真，我们不能推知存在某一行为使得 p 得以实现或存在某一行为使得 q 得以实现。③

由是观之，所谓朴素分配原则"λ（A∨B）↔λA∨λB"，在某些模态表达中不总是成立。其实，当我们对"朴素分配原则"的评估不限于模态词时，可以发现，上述"反例"的产生不足为奇。因为，即使在非模态语境下，也不难找到不满足此种原则的一元算子。如：全称量词（用"∀"表示），仍假设个体域中只有小明、小华两个人，小明会唱歌但不会跳舞，小华会跳舞但不会唱歌，则对于定义域中的个体变元来说，以下断言却同时成立：

（6）"所有人或者会唱歌或者会跳舞"是真的；

---

① 何朝安：《能力模态与析取分配原则》，《逻辑学研究》2021 年第 3 期。

② Anthony Kenny, "Human Abilities and Dynamic Modalities", in J. Manninen and R. Tuomela（eds.）, *Essays on Explanation and Understanding*. Springer, 1976, pp. 209 – 232.

③ Rick Nouwen, "Free Choice and Distribution over Disjunction：The Case of Free Choice Ability", *Semantics and Pragmatics*, 2018, 11（4）：5.

（7）"所有人会唱歌或者所有人会跳舞"是假的。

这意味着 $\forall_x(P_x \vee Q_x) \nleftrightarrow \forall_x P_x \vee \forall_x Q_x$。

也就是说，并非任何一元算子（不论是否局限于模态算子而言）都满足"朴素分配原则"。为什么这个原则有些情况下成立有些情况下却不成立？针对这一现象，或许我们可以给出一种解释。不过，在此之前，先审视该原则在模态语境下可能出现的另外一类"反例"。

三　自由选择许可：第二类"反例"

所言自由选择许可（free choice permissions），是指这样一种关涉析取句的分配方式：在最符合自然语言表达的解读上，某些模态算子以合取型分配的方式作用于析取句，形式刻画为 $\lambda\,(A \vee B) \leftrightarrow \lambda A \wedge \lambda B$。至少从表面上看，这种"合取型分配"显然是不同于前文所述的"朴素分配原则"。

所谓"合取型分配方式"最早是由冯赖特（G. H. von Wright）指出。"基于规范语言中对'或'一词的自然解读，析取许可（disjunctive permissions）的分配方式是合取型（conjunctively）的，而不是析取型的（disjunctively）。如果有人被告知他可以工作或放松，这通常会被理解为他可以工作，但也可以放松：这取决于他在两个选项之间所做的选择。我把具有此种特征的析取许可称作'自由选择型许可'。"[①] 这提示我们，标准道义逻辑中的朴素分配原则 P $(p \vee q) \leftrightarrow Pp \vee Pq$ 似乎不能简单地应用于日常对话中的道义判断。在日常对话中，道义析取判断提供的更像是一组道义上的选项，主体选择哪一个选项都是自由的，因而选项之间应当以合取方式并列。这样的例子在日常对话中随处可见。让我们再看一个"自由选择型许可"的析取句子：当餐厅服务员告知

（8）你可以喝茶或咖啡。

通常情况下，这都会被解读为：

---

① Georg H. V. Wright, "On the Logic of Norms and Actions", in R. Hilpinen (eds.), *New Studies in Deontic Logic*, Springer Netherlands, 1981, pp. 7 – 8.

（9）你可以喝茶，并且

（10）你可以喝咖啡。

倘若我们承认此种"自由选择型许可"现象的普遍性，或许有逻辑学家设想将 P（p∨q）↔Pp∧Pq 作为新的"公理"（通常称作"自由选择原则"）添加到标准道义逻辑系统中，从而构建一个非标准但更适合此类日常语境的道义逻辑。但是，一旦把 P（p∨q）↔Pp∧Pq 添加到标准道义逻辑系统中，我们很快发现，它将在逻辑推演上导致琐碎性后果（triviality）。

正如卡姆普（Hans Kamp）所指出的，[①] 考虑到在标准道义逻辑中（11）成立：

（11）Pp→P（p∨q）

若同时将"自由选择原则"也添加为公理，它将允许我们从 Pp 推导出 Pq（即从"任一行为是允许的"可以推出"任意行为都是允许的"）：

1. Pp　　　　　　　假设
2. P（p∨q）　　　　1，道义析取附加律
3. Pp∧Pq　　　　　2，自由选择原则
4. Pq　　　　　　　3，合取消去

这一荒谬结果，有时被称为"自由选择许可悖论（the paradox of free choice permissions）"。

其造成的"琐碎性"后果远不止于此，根据詹宁斯（Raymond E. Jennings）的说法，添加自由选择原则的标准道义逻辑系统，亦会使得"必须算子 O"面临同样困境（即从"任一行为是必须的"可以推出"任意行为都是必须的"）[②]：

1. P（p∨q）↔Pp∧Pq　　　　　　　　　　自由选择原则
2. P（¬p∨¬q）↔P¬p∧P¬q　　　　　　1，p/¬p q/¬q
3. ¬O¬（¬p∨¬q）↔¬O¬¬p∧¬O¬¬q　　2，模态词变换

① Hans Kamp, "Free Choice Permission", *Proceedings of the Aristotelian Society*, 1973, 74: 61–62.
② Raymond E. Jennings, *The Genealogy of Disjunction*, New York: Oxford University Press, 1994, pp. 120–121.

4. ¬ O (p∧q) ↔¬ Op∧ ¬ Oq   3，德摩根定律和双重否定消去

5. O (p∧q) ↔¬ (¬ Op∧ ¬ Op)   4，等值变换

6. O (p∧q) ↔(Op∨Oq)   5，德摩根定律

7. Op→O (p∨q)   道义析取附加律

8. Op→O (p∧q)   6，7，等值替换

9. O (p∧q) →Oq   道义合取消去

10. Op→Oq   8，9，假言三段论

这似乎表明不应将自由选择原则作为一种有效的逻辑原则。

回到朴素分配原则的适用性问题，承认自由选择型许可现象的普遍存在，是否已经使得朴素分配原则失效了呢？从上述有些逻辑学家把"自由选择原则"直接添加到标准道义逻辑系统中（即允许析取许可有合取型分配方式）的做法来看，我们可以发现，朴素分配原则依旧成立。因为朴素分配原则在标准道义逻辑中是跟道义析取附加律一道成立的，这意味着此种新的道义逻辑将同时承认朴素分配原则 P (p∨q) ↔Pp∨Pq 和自由选择原则 P (p∨q) ↔Pp∧Pq。但是，我们已经看到，这种做法的代价是：我们的道义逻辑最终变为了一种琐碎无用的逻辑。更直接来看，如此一来，同时宣称 P (p∨q) ↔Pp∨Pq 和 P (p∨q) ↔Pp∧Pq 这两个原则，无异于使得在道义语言中析取词和合取词无差别，变成同一个联结词。

倘若我们承认自由选择型许可现象在我们的道义语言中是普遍存在的，同时又不愿意让我们的道义逻辑产生琐碎性后果，剩下还有一种做法，那就是在接纳"自由选择原则"的同时，拒斥朴素分配原则。当这样做时，我们将看到，朴素分配原则尽管在可能算子那里成立，却不适用于许可算子，从而令许可算子成为有别于可能算子的另一类模态词。考虑到在广义模态逻辑中许可算子通常被视作类似于可能算子的弱模态，朴素分配原则在许可算子这里所遇到的"反例"显然不同于它在必然算子或必须算子那里所遇到的"反例"，笔者称之为"第二类反例"。

四　一种哲学解释：析取式作为认知可能性清单

通过考察所谓模态词于析取式的"朴素分配原则"在模态语境下的使用情况，可以看到，这条原则既不能类推于必然算子，似乎也无法简单地适用于

"许可"算子。这些"反例"的出现，是否可以得到某种解释呢？

对于第一类"反例"的存在，根据通行的逻辑研究方法，并不难解释。我们可以直接说，"朴素分配原则"原本就不是普遍有效的，它只在特殊情况下才成立。因为，正如存在量词之不同于全称量词，可能算子也不同于必然算子，它们每一组都代表一种"反对"关系。倘若存在量词能而全称量词却无法满足对于析取式的分配原则，同样地我们也不用奇怪可能算子能而必然算子却无法满足对于析取式的分配原则。然而，从逻辑哲学上看，一个值得往下深思的问题是：为何存在量词和可能算子能而全称量词和必然算子却无法满足对于析取式的分配原则呢？与此相关同样需要解释的一个现象是，虽然全称量词和必然算子无法满足对于析取式的分配原则，它们却能满足（而存在量词和可能算子却无法满足）对于合取式的分配原则。譬如，由"我们班所有人都会唱歌和跳舞"可以推知"我们班所有人都会唱歌和我们班所有人都会跳舞"，由"$1 = 1$和能量守恒是必然的"可以推知"$1 = 1$是必然的并且能量守恒是必然的"，反之亦然。相应的有效式为 $\forall_x (P_x \wedge Q_x) \leftrightarrow \forall_x P_x \vee \forall_x Q_x$ 和 $L (p \wedge q) \leftrightarrow Lp \wedge Lq$。

对于这些现象，笔者认为可以从认识论上给出一种解释。全称量词和必然算子都是一种可以用合取式表示的认知确定性，而存在量词和可能算子则是一种可以用析取式表示的认知不确定性。这并不难理解。因为，全称命题，如"我们班所有人都超过18岁"，可以解读为"我们班该个体、彼个体、……超过18岁的合取表达"；必然命题，如"能量守恒是必然的"，可以解读为"该物理环境下、彼物理环境下、……能量守恒的合取表达"。相比之下，存在命题"我们班有人不超过18岁"以及可能命题"能力守恒是可能的"，则都可以解读为析取式，即在诸多关于"某某不超过18岁"或"某某物理环境下能量守恒"的断言中，至少有一个为真。就本文的主题而论，这里非常重要的一点是，析取式原本就表示一种认知不确定性，具体表现为一张有多种认知可能性组成的清单。这一点也是齐默尔曼（Tnomas E. Zimmermann）为解释自由选择悖论提出的，他认为自然语言中的析取句应该被分析为一组认知可能性的合取式。

$$(12)\ S_1 or \cdots or\ S_n \longmapsto \Diamond S_1 \wedge \cdots \wedge \Diamond S_n$$

其中"◇"表示一种认知可能性算子。① 即析取句在认知上等同于一组表达可能性判断的可能模态语句，两者都能够用于刻画认知上的不确定性。随后，阿洛尼（Maria Aloni）追随齐默尔曼，提出对存在量词做同类型分析，所谈存在命题 $\exists xAx$ 和析取命题 $p \vee q$，二者都可以被认为是引入一组选项命题，表示一组命题中至少有一个命题是真的，但并未明确指出哪一个是真的。② 如此而言，在刻画认知不确定性上，存在量词、可能模态词、析取词三者具有相同的认识论效用。

基于此种分析，从认知不确定性角度出发，可将模态词分为两类：其一是弱模态词，用于刻画某一事态在认知上存在可能，如"可能""允许"等模态词；其二是强模态词，用于刻画某一事态在实践中一定能够实现，如"必然""必须""能力"等模态词。就第一类"反例"而言，由于"析取词"本身用以刻画认知上的不确定性，当表达可能性的弱模态词作用于析取词时，分配前表达式 λ（$A \vee B$）和分配后表达式 $\lambda A \vee \lambda B$，就主联结词而言，同属于刻画认知不确定性层面，此时二者具有认识论上的等效性，使得朴素分配原则成立，即 λ（$A \vee B$）$\leftrightarrow \lambda A \vee \lambda B$。对于强模态词来说，当其作用于析取式 $A \vee B$ 时，尽管分配前表达式 λ（$A \vee B$）同时包含必然性和可能性，但主联结词是必然性，而在分配后表达式 $\lambda A \vee \lambda B$ 中，主联结词却是可能性，倘若朴素分配原则成立，便会导致从确定性变为不确定性。同理来讲，当存在量词前缀于析取式时，可以认为分配前后的公式 $\exists_x(P_x \vee Q_x)$ 和 $\exists_x P_x \vee \exists_x Q_x$，同作为不确定的不确定性，在认识论上等效，此时无怪乎朴素析取分配原则亦成立。

以上基于认知可能性分析对于第一类"反例"的解释，也可以帮助解释第二类"反例"。不同的是，第二类所谓的"反例"或"悖论"之所以出现，只是因为我们不当引入了合取型分配原则。一旦我们基于对析取词的认知可能性分析，表明这一原则貌似成立而实则无效，就可以消解第二类"反例"。

简单来说，笔者认为，朴素分配原则在"许可"算子那里依旧成立。需要我们格外当心否则容易引起混乱的一个关键点是："P（p 析取 q）"，或"Pp 析取 Pq"，如何就被解读为一种合取式？或者说，它们可以被解读为什么样的一个合取式？根据齐默尔曼的观点，我们应该通过模态化处理来解释其中的析取词（"或"），认为许

---

① Thomas E. Zimmermann, "Free Choice Disjunction and Epistemic Possibility", *Natural Language Semantics*, 2000, 8（4）：266 - 267.

② Maria Aloni, "Free Choice, Modals, and Imperatives", *Natural Language Semantics*, 2007, 15（1）：71.

可析取句大致相当于每一个析取支前加上"它在认知上是可能的"这一结果的合取。[①] 如：

（13）你可以乘坐公共汽车或出租车。

可解读为

（14）你可以乘坐公共汽车在认知上是可能的，并且你可以乘坐出租车在认知上是可能的。

形式化为 $P(p \lor q) \vDash \Diamond Pp \land \Diamond Pq$，如此模态化处理后，等式右边虽然是合取式，但只是确定的不确定性，实质上并未出现从不确定性到确定性的变化，因而可以作为一种可接受的分配方式。

此种对于许可析取式的处理法，引导我们走向了一种非标准且不导致"琐碎性后果"的道义逻辑。由于增加了认知可能算子，并把析取式解读为选项清单，那些悖论将不再出现。前文提到，若将自由选择原则也添加为公理，将允许我们从 Pp 推导出 Pq：

1. Pp 假设
2. $P(p \lor q)$　　　1，道义析取附加律
3. $Pp \land Pq$　　　2，自由选择原则
4. Pq　　　　　　　3，合取消去

现在，倘若按照认知可能性清单的观念重构该论证，则从第 2 步到第 3 步应当调整为：

2. $P(p \lor q)$　　　1，道义析取附加律
3. $\Diamond Pp \land \Diamond Pq$　　　2，基于认知可能性的自由选择原则

由于 $\Diamond Pq$ 并不等同于 Pq，最后也就不会使得我们从 Pp 推导出 Pq。

值得注意的是，这种对于"自由选择许可悖论"的释疑法，不同于卡姆普的语用分析法。卡姆普指出，一个析取许可命题不一定就许可其所有析取支，

---

① Thomas E. Zimmermann, "Free Choice Disjunction and Epistemic Possibility", *Natural Language Semantics*, 2000, 8 (4): 258 – 260.

因为许可的范围不确定。所谓"自由选择原则"只是仅在特定语境下才成立的一个原则，在另外一些语境下，可以被取消掉。[①] 如：

（15）你可以乘坐公共汽车或出租车，但我记得你身上的钱不足以支付乘坐出租车费用。

（15）看似在表达一种开放式的选择，但是与（13）的不同之处在于，其所允许的行为受制于另一种权威，使得合取型分配不再成立。考虑到此种可取消性，似乎有理由认为自由选择原则只是一种语用原则，根据格莱斯会话含义理论（Grice's conversational implicature theory），不能将此种原则作为与析取词意义相关的"逻辑原则"。

语用分析法，试图把"自由选择"当作仅在特殊语境下出现的语用原则（而非跟联结词意义相关的逻辑原则），但它忽略了一个事实：自由选择许可悖论不仅出现在道义逻辑，也出现在其他语境下。齐默尔曼指出，在认知语境下，那种"自由选择"效应有时也无法消除。如，在获知张先生有可能在维多利亚或布里克斯顿后，可以断言：

（16）张先生可能在维多利亚或布里克斯顿。

这一断言在认知上暗示：

（17）张先生可能在维多利亚并且张先生可能在布里克斯顿。

这种情境下，若新增限定信息实质上并未带来认知上的更新，如：

（18）张先生可能在维多利亚或布里克斯顿，但我不知道具体在哪个城市。

[①] Hans Kamp, "Semantics Versus Pragmatics", in F. Guenthner and S. J. Schmidt (eds.), *Formal Semantics and Pragmatics for Natural Languages*, Springer Netherlands, 1978, p. 271.

仍然在认知上暗示（17），此时自由选择效应并未取消。①

相比语用分析法，本节提出的这种基于认知可能性清单的分析法的优势在于：由于它仅仅承诺基于认知可能性的自由选择原则，它可以承认此种自由选择现象在日常语言中的普遍存在，而不必面对语用分析法所面对的"难以取消"问题。

五　余论

本文并未论及分配原则的"非朴素"版本，甚至也未穷尽全部的一元算子，譬如，没有专门讨论否定词或真谓词（算子）对于析取词是否满足"朴素分配原则"以及为何满足或不满足。不过，本文以一元模态词为样本的考察，可以为我们研究其他联结词的逻辑性质（如分配性、交换性、传递性等）提供一定的启示。笼统地问某一元算子是否对析取式满足分配性（或是满足什么样的分配性），这很难给出一个确定的答案。因为，本文已经看到，不同的一元算子，各有特点，不能一概而论；但是，它们也并非无规律可循。从中我们可以得到的启示，至少有两点：其一，对于某一联结词是否满足某一逻辑性质的研究，不能单从该联结词自身的特性来分辨，因为这种逻辑性质（譬如分配性）本身已同时涉及两个算子（譬如可能算子与析取词）。表达此类逻辑性质的公式，不同于那些仅涉及单一算子的推理规则（如双重否定律、析取附加律、合取消去规则等），往往同时引入了两个甚至更多的算子。因此，当我们发现某种分配原则在某种场合下失效，譬如析取对合取式的分配原则在量子逻辑中失效，或否定对合取式的分配原则（即德摩根律的一个方向）在直觉主义逻辑中失效时，就不能仅仅归因于析取词或否定词在那些非经典逻辑中的变化，而应同时考虑合取词的情况。其二，在我们的逻辑理论中，虽然每一个常用联结词都有着各自独特的地位，但它们彼此之间的关系并非一样远或一样近。除了众所周知可以"初始"联结词（如否定词和析取词）定义其他"非初始"联结词（如蕴涵、合取、等值等）的情形，还有并非明示于定义之中的那些相似或类同，譬如，存在量词、可能算子和析取词同属表示认知不确定性的弱算子，而全称量词、必然算子和合取词等同属一类较强的算子。

---

① Thomas E. Zimmermann, "Free Choice Disjunction and Epistemic Possibility", *Natural Language Semantics*, 2000, 8 (4): 258–259.

除此之外，析取词还可以理解为认知可能性的合取清单。总之，为了全面深入地把握每一个联结词，除了关注那些仅包含该联结词的规则（或公式），也需要结合那些同时包含其他联结词的规则的适用性，或是对照其他同类或异类的联结词来获得理解。相比单个孤立地理解每一个联结词，更好的做法是尽量从整体上把握、理解它们之间的关联。

［基金项目：国家社会科学基金重大项目"逻辑词汇的历史演进与哲学问题研究"（20&ZD046）。本文的后期修改工作在张留华教授的指导下完成，特此致谢。］

（本文编辑：郭佳宏）

The Distribution Problem of Modality over Disjunction and Its Elucidation

LIU Xiao-fei

Abstract：In logic，many operations（connectives）satisfy certain principle of distribution，such as negation over disjunction，conjunction over disjunction，and quantifier over disjunction；However，the principle of distribution does not apply to all situations here in the same sense. For example，some disjunctive words remain unchanged and others become conjunctive words in the formula resulting from the distributive. The complexity of this deserves attention and explanation. Take the distribution problem of modality words over disjunction as an example，a naive idea is that the distribution principle of monadic modality words over disjunction can be characterized as $\lambda (A \vee B) \leftrightarrow \lambda A \vee \lambda B$. However，in the modality context，there are two kinds of "counter-examples" of this "intuitive principle of distribution". One is that this principle does not apply to necessary operator，and the other is that disjunction needs to be interpreted as conjunction. This paper proposes that unlike the "strong operators" such as conjunction，universal quantification and necessary modalities，disjunction，existential quantification and possible modalities belong to the "weak operators", all represent a kind of cognitive uncertainty, which can explain why the simple principle of distribution seems to be hold and fail time to time. According to this analysis method, we can not reveal the logical nature of each connective in isolation. We need to understand each connective and its characteristics as a whole based on the semantic relationship between them.

Keywords: Disjunction; Distribution; Modal Words; The Paradox of Free Choice Permissions

逻辑史论苑

后期墨家语言哲学中不含
真理概念的语义学

弗兰克·桑德斯

（香港大学哲学系）

摘　要：本文从批判陈汉生关于"中国古代哲学根本不包含真理概念"的论断入手，认真考察了中国古代哲学中的真理概念。通过考证后期墨家《墨辩》的语言哲学思想当中强调类似概念的某些段落，本文论证阐明，尽管出于语法上的原因，古代汉语中的确没有一个词的功能如同西方哲学中的"真理"一词，但后期墨家肯定采用了一个语义充分性的概念，使得语言与世界的关系成为研究的对象，从而挑战了陈汉生的如下立场，即古代汉语的功能主要体现在语用的语言框架内，在这个框架内，语言与使用者的关系决定了语词的意义。

关键词：后期墨家；语言；真理；语义充分性

一　导言

在 1985 年的论文《汉语、中国哲学和真理》① 中，陈汉生（Chad Hansen）针对真理概念在中国古代哲学（也就是公元前 475—220 年战国时期的哲学）中的作用提出了质疑。他论证说，中国古代哲学家在对他们所做的事进行哲学反思时，"没有使用'真理的概念'"，进而又论证说，他们"关于如何评价各种

---

① Chad Hansen, "Chinese Language, Chinese Philosophy, and Truth", *The Journal of Asian Studies*, 44 (3), 1985, pp. 491 – 519.

学说的哲学理论，并不依赖于和我们所熟悉的真假二分相对应的区分"①。从表面上看，这些说法似乎没有什么问题，像格拉汉姆（A. C. Graham）和门罗（Donald Munro）这样的学者——这两个人在陈汉生的导言中都被引用到了——也深有同感，他们都认为"真理"是一个西方学界的概念，它的重要性在中国古代思想中是无法体现的②。然而陈汉生实际上坚持的观点是说：除了中国古代哲学没有这样一个概念，在西方哲学中，也没有其他任何概念能够起到和"真理"相同的作用，也就是说，中国古代哲学家根本就没有办法去评价陈述、命题和断言的语义充分性③。

陈汉生给出了两个相互独立的论证支持他的总体主张，一个是关于真理的，另一个是关于一般意义上的语义充分性的。第一个主张是由这个思想来支撑的，即中国古代哲学家没有把语句作为基本的意义表达载体（甚至都没有把它们单独作为有意义的语言单位），因此，语义充分性条件根本就没有机会像西方哲学中的"真理"那样，能对语句单位进行评判。后一个主张是通过下面这个观点提供支持的，即中国古代哲学家所使用的主要是语用上的语言理论，而不是语义上的理论。第一个论证使得不含"真理"的主张成为一个事实问题；因为真理只能是具有语句、命题或断言的性质，而中国古代哲学家对这些语言单位没有表现出任何特殊的兴趣，因而导致真理的同义词没有用武之地。我把这个称为较弱的不含"真理"论题。第二个论证给出的是一个更强的不含"真理"论题，因为它彻底否认了一般意义上的语义充分性对于中国古代哲学具有任何重要性。按照这个更强的论题，中国古代哲学家所采用的这些语言学理论，完全没有办法去评价他们用的语词的语义充分性，而只能论及语用学，也就是语词和短语的**社会**作用和可接受性。我认为这是陈汉生整个不含"真理"论题当中麻烦最多的部分。这个更强的论题在某种程度上甚至意味着：由于中国古代哲学家对语义学完全不感兴趣，所以他们并不关心他们使

① Chad Hansen, "Chinese Language, Chinese Philosophy, and Truth", *The Journal of Asian Studies*, 44 (3), 1985, pp. 491–492.

② Chad Hansen, "Chinese Language, Chinese Philosophy, and Truth", *The Journal of Asian Studies*, 44 (3), 1985, p. 491.

③ Chad Hansen, "Chinese Language, Chinese Philosophy, and Truth", *The Journal of Asian Studies*, 44 (3), 1985, p. 491.

用的语词是否准确地反映了事物的真实状况。①

这两个论证之间的区别引发了另一个不同——也许是更加根本性的问题：中国古代哲学**一般意义**上的语义充分性的作用是什么？尽管若单独考虑语言上的证据，中国古代哲学所独有的、作为语句单位的语义充分性条件的真理可能已经被排除掉了——从而支持较弱的不含"真理"论题——但我们**究竟**要如何理解"这些哲学家根本就无法评判语义的充分性"这个看法呢？需要澄清的是，我在这里并没有论证，因为它们两个是相互独立的论证，所以从第一个论证的结论不能推出第二个论证的结论，相反，我所论证的是，尽管我同意第一个论证，但第二个结论是错的。②

对真理、语义充分性及其与语用充分性的关系作一些澄清是有必要的。在不深入探究西方哲学各种真理理论的情况下，我所采用的语义充分性概念假定一种一般意义上的真理符合论。虽然说英语中的谓词"是真的"通常都肯定了命题对于实在（不管这个词如何理解）的符合，我想论证的观点和陈汉生的观点正好相反：中国古代哲学中有些词所具有的功能与真理的实质是相同的；他的更强主张是这些词在中国古代语言哲学中并不存在，因为中国古代的语言理论是通过语词的社会作用，或者更确切地说，是通过它的语用充分性，以确立语词的意义。这当然不是说这里讨论的两种语言理论是相互排斥的，也不是说我要论证语用学在中国古代语言理论中完全没有用（或者只有微小的用处）。如前文所述，我只是想反驳陈汉生的第二个论证，因为它把语义充分性从中国古代语言哲学中排除掉了。我们能在多大程度上成功地把中国古代语言哲学中的所有概念定性为语义的或语用的？这不是我要在这里做的事，我也不想表明中国古代语言理论主要是语义的或语用的。在这里我只是想要说明，一般意义上的语义充分性，也就是考察语词或任何语言单位是如何与实在相关联的，无论如何都没有从中国古代语言哲学中缺席。

这样，我们很可能会在古代汉语中找到一个表达下面命题内容的短语，即

---

① 即使在这个问题上，陈汉生有时也宣称，中国古代哲学在语用上的兴趣也只是一个有所侧重的问题；它并没有完全排除语义学概念。如果实际就是这样，我们就不能推出，中国古代哲学家根本没办法在语义上评价其所用语词这个结论了。然而，陈汉生本人确实接受了更强的论题，因为他写道："如果语言理论是语用上的，形而上学、认识论以及心—神（heart-mind）理论是由朝向语言的态度促成的，那么真理的概念也就没有任何作用了"。参见 Chad Hansen, "Chinese Language, Chinese Philosophy, and Truth", *The Journal of Asian Studies*, 44 (3), 1985, p. 493。

② 这个发现要归功于罗宾斯（Dan Robins）（私下通信，2012）。

"'牛'（ox）是语义上充分的，当且仅当所说的东西是牛"，它可以简化如下："'牛'适合（当）① 这个……"（也许同时还会指着某个对象）。然而对这个句子来说，它说的是，和那些是牛的实在部分相关联的，只是"牛"这个词，而不像通常在英语中那样，用"是真的"这个谓词为命题或陈述赋值。如果发现哲学家做了某件这样的事，我们不能说他们对语义或语义充分性不感兴趣，即使他们所赋值的是语词而不是语句或命题。

没有一个词可以用来描述语句或命题的语义充分性，这并不是由于古代汉语中缺乏一般意义上的语句或命题。确切地说，中国古代哲学家并没有像我们在现代语言哲学中讨论真理和语义那样，把语句看作描述性内容或意义的载体。② 接受这个主张的一个原因是，一般来说，中国古代语言哲学更关心的是对"名"（名称或语词）的正确应用——出于语义或语用的原因，而不是语句或命题。因为英语中的"真理"只适用于语句、命题或断言，似乎根本没有给一个真理概念留出空间；语词本身不能为真或为假。

然而，即使在英语中，单独谈论语词的真假——或者更确切地说，谈论某个语词对于某个对象是真的，有时候也是有意义的，例如蒯因所说的"语义上溯"，就是从讨论语词转向讨论真假。用蒯因的例子说，"塔斯马尼亚有袋熊"可以转换成"'袋熊'对于塔斯马尼亚的某些生物是真的"③。尽管（蒯因也承认）几乎没有理由通过这种方式重新表述第一句话，但重要的是，我们有时会从谈论语词转移到谈论真假，而且可能最终会用"真的"这个词去描述这些语词，因为它们一定是**对于**某事为真。这是因为，在英语中我们没有其他词汇能够去描述一个词本身的语义充分性及其描述性内容；如果不是一个完整的句子，那么，为了证明我们用"是真的"这个词去描述一个词和它的指称对象之间的关系是正当的，这些短语最起码也要放在一个断定性语境当中才行。这样来看，即使是在我们自己的语言当中，也会有一个本身不含"真理"的语义充分性的例证，我们也会在中国古代哲学中找到类似的例证，这

---

① 作者用的英文词是"fit"——译者。

② 在古代汉语中，短语、句子、陈述、命题，乃至复合名称之间的区别是非常模糊的。然而在语言哲学的语境当中，"词"通常就是指用来表示"短语"的词，但"词"和句子之间的形式关系完全不是清晰划界的。罗宾斯充分论证，要把"词"翻译成"短语"，而不是翻译成"句子"或"陈述"，但还是不能把它处理成复合名称（例如"白马"），这里我采纳了他的这个观点。参见 Dan Robins, "The Later Mohists and Logic", *History of Philosophy and Logic*, 31（3），2010, pp. 247 – 285。

③ W. V. O. Quine, *Word and Object*, Cambridge, MA: The MIT Press, 1960, p. 171.

样来看，这些哲学家对语义学不感兴趣的观点就不可能得到辩护了。

我这篇论文关注的是后期墨家的作品，墨家是一个哲学学派，他们的文本经历了一段传抄史，这让他们的哲学很难被说英语的人学习和研究。直到 20 世纪初，中国知识分子"对西方逻辑和科学方法印象深刻……渴望去探索胡适所说的他们本身传统的'逻辑方法的发展'"，对《墨辩》的学术兴趣才开始激发人们对它们进行认真的研究，并探讨它们在中国知识传统当中的地位。① 此外，弗雷泽（Chris Fraser）这样说：

> 像梁启超、栾调甫、谭戒甫这样一些学者，在校勘和解读文本方面取得了许多突破。1978 年格拉汉姆研究成果的出版又推动此向前迈出了一大步。格拉汉姆提供了迄今为止对于文本的结构、语法和术语最系统、最详细的分析，采用了比以前的作者们更加严苛的语言学方法。②

考虑到这些情况，我将专门采用格拉汉姆对《墨辩》的重构，除非我觉得他对某些说法的重构、翻译和解释存在问题。

我将论证以下结论：（1）后期墨家那里有一些词，它们充当了语词和短语的语义充分性条件；（2）后期墨家认为**自己**就是做语义学的，因为他们有办法判断：一个词的用法是基于其描述性内容，还是仅仅基于某种约定或社会角色。

二　后期墨家的语义学

（一）后期墨家认为"当"就是"是真的"

为了让我的观点更加清晰，本文首先来讨论"当"这个词，它被认为是古代汉语中"是真的"一词的最佳候选词之一，正因如此，这个词被引来反驳陈汉生的真理理论③。然而，我觉得对"当"的许多解释都是不充分的，现在我想

---

① Chris Fraser, "Mohist Canons", In *The Stanford Encyclopedia of Philosophy* (Spring 2011 ed.), edited by Edward N. Zalta, http：//plato. stanford. edu/archives/spr2011/entries/mohist-canons/.

② Chris Fraser, "Mohist Canons", in *The Stanford Encyclopedia of Philosophy* (Spring 2011 ed.), edited by Edward N. Zalta, http：//plato. stanford. edu/archives/spr2011/entries/mohist-canons/.

③ Chris Fraser, "Truth in Mohist Dialectics", *Journal of Chinese Philosophy*, 39 (3), 2012, pp. 351 – 368.

面向这个词，试图表明：尽管它可以像"真理"一样作为一种语义充分性条件，并评估一种语词—对象的（语义）关系，但它仍然不是"是真的"的同义词，它们所发挥的功能是不一样的。

有许多理由可以表明，在中国古代哲学中，"当"或者"适合"是"是真的"最好的同义词。例如，格拉汉姆就很清楚地告诉我们说，"'当'这种用法（作为不及物动词）是墨家表达事实性真理的主要术语"。① 然而，他并没有为这个定义提出什么论证，而只是简单地依赖于把"当"作为不及物动词和作为及物动词这种语法上的区分，以便确定哪些情况下"当"具有为真的含义，哪些情况下不具有为真的含义。实际上，根据格拉汉姆的观点，"当"总是具有语义含义的，尽管在及物使用时它只是指称语词—对象的关系，在不及物使用时指称语句—世界的关系。由于语句—世界的关系就是我们的英语中在语义上使用"是真的"进行赋值的关系，因此当在不及物意义上使用时，"当"和"是真的"就是同义词。

按照格拉汉姆的解释，"当"这个术语用来描述名称和对象何时相互"适合"，而主张或断言则是"适合事实"的。按照格拉汉姆的描述，"当"的这种不及物用法假定了一个句子实际"适合"的是"实在"或者"事实"，这样就把及物用法的名称—对象关系扩展成了名称串和事态之间的关系（也就是语言和世界的关系），使得"当"成为后期墨家用来描述一个陈述的语义充分性或真值的完美候选。②

然而，如果"当"在同一个语境中既在及物意义上使用，又在不及物意义上使用，这种描述就有问题了，而且难以证成这个想法：后期墨家用"当"所指称的是主张或断言，而不仅仅是语词。这肯定就是 A74 的情况，其内容如下：

> 辩，争彼也。辩胜，当也。
> （辩）：或谓之牛，或谓之非牛，是争彼也。

---

① A. C. Graham, *Later Mohist Logic, Ethics, and Science*, Hong Kong: The Chinese University Press, 1978, p. 203.

② 这种区分反映了上面提到的"真的"和"对……为真"的区别，这个发现要归功于罗宾斯（私下通信，2012）。

是不俱当。不俱当，必或不当。（不若当"犬"。）①

下面是我的翻译：

Biàn is disputing about opposites. Winning biàn is fitting.

Explanation: Some say oxen, while others say non-oxen: this is disputing about opposites. Here, both do not fit. Not all fitting, some must not fit. Not like fitting hound.

下面是格拉汉姆对这段话的翻译：

One calling it "ox" and the other "non-ox" is "contending over claims which are the converse of each other." Such being the case they do not both fit the fact; and if they do not both fit the fact, and if they do not both fit, necessarily one of them does not fit. (not like fitting "dog".)②

---

① 有些编者相信，我们应该把 A73 的解释的头一个字"彼"看作在这段话中加以界定的词，我在这里将采纳这个观点。格拉汉姆认为 A73 界定的字是"仮"，而不是"彼"，其根据是《墨辩》对"仮"这个词的用法，比如 B72。然而，格拉汉姆这样做是以 B72 的解读为基础的，在其中"仮"这个词的用法与 A73 对这个词的定义是相似的。

之所以怀疑这一点，原因在于，尽管 B72 的话以"说在仮"（通过"仮"来解释）结束，但 A73 定义的词似乎并不能起到 B72 的解释中"仮"那样的作用。

罗宾斯进一步论证，格拉汉姆提供的"仮"的定义与其后来在 B30 和 B72 的用法均不对应。从实质上说，如果 B30 用"仮"把谷子的价格（用硬币计算）的反面描述成硬币的价格（用谷物计算），那就没有任何理由相信，在 A73 当中它被定义为穷尽无余的选项了。假如情况就是这样，价格（用硬币计算）的反面肯定就不是价格（以硬币计算）了。此外，在考察 A74"辩"的定义时，我们很难认为后期墨家说的是，"辩"旨在对（以硬币计算）的价格和（以谷物计算）的价格这样一对词项进行分类。参见 Dan Robins, "Names, Cranes, and the Later Mohists", *The Journal of Chinese Philosophy*, 39（3），2012，pp. 376 - 377。

然而，这种解释要求我们相信，墨家为一个相当普通的词"彼"提供了一个技术性定义，它通常意味着"那个"（that），这完全没有与它的传统用法区分开。事实上，"彼"也出现在了 B72 当中，就是表示"那个"的传统用法，这也支持了下面这个想法，即后期墨家并不是在一种技术意义上使用它。此外，按照 B30 和 B72 中所用的"仮"这个词项的解释，这个词项具有墨家通常用来表示技术性词项的标志，所添加的全新人为解释没有任何定义，会引来麻烦。

我相信，A73 定义的"彼"和 B30 及 B72 中的"仮"是两个独立的词，而格拉汉姆错误地把这两个词弄混了。虽然尚不清楚后期墨家是否在 A73 之外对"彼"进行了技术性使用，但这样一种解释需要和格拉汉姆犯同样多的抄写错误，并对 A73 定义的"彼"和 B30 及 B72 的"仮"之间的明显差别提出解释和说明。可比较 Dan Robins, "Names, Cranes, and the Later Mohists", *The Journal of Chinese Philosophy*, 39（3），2012，pp. 369 - 385，以及 Chris Fraser, "More Mohist Marginalia: A Reply to Makeham on Later Mohist Canon and Explanation B67", *Journal of Chinese Philosophy and Culture*, 2，2007，pp. 227 - 259。

② A. C. Graham, *Later Mohist Logic, Ethics, and Science*. Hong Kong: The Chinese University Press, 1978, p. 318.

上面这两种翻译的主要区别在于，我没有给"当"提供断定性或直陈性的解释，而格拉汉姆通过把它翻译成"适合事实"，并通过它意指某个主张和整个实在之间的关系，给它提供了这种解释。然而，这种解释是通过格拉汉姆将"彼"（格拉汉姆用的是"仮"）翻译成"相反的主张"（converse claim）而强加上去的，给人的印象是，这段话中有些表示"当"的东西是主张或断言，而不是单独的语词。

他对"辩"的定义的翻译是"争论那些彼此相反的观点"。但是，没有理由把那些是"彼"的东西解释成断言；在 A73 中，它的定义是清楚的："彼"要应用于语词，而不是断言（下面是我的翻译）：

彼，不可两不可也。

（彼），凡牛，枢非牛，两也。无以非也。

Bǐ, unacceptable for both to be unacceptable.

Explanation: All oxen, separated from non-oxen, are both (all there is). There is no means of not being this. ①

把我的翻译和格拉汉姆的翻译及解释进行比较：

Fǎn (being the converse of each other) is if inadmissible then on both sides inadmissible.

Explanation: All oxen, and non-oxen marked off as a group, are the two sides. To lack what distinguishes an ox is to be a non-ox. ②

B74 把"当"解释成真理的主要动因，是"彼是相反的断言"这个思想。然而，根据这种解释，构成相反或对立的，实际上并不是主张或断言，而是名称。构成"彼"的是"牛"和"非牛"，而不是"把这当作牛"和"把这当

---

① 格拉汉姆对最后一句话的翻译要读作："缺少区分牛的东西就是成为一个非牛"。参见 A. C. Graham, *Later Mohist Logic*, *Ethics*, *and Science*, Hong Kong: The Chinese University Press, 1978, p. 318。他把这建立在"无以"（wú yǐ）的技术用法之上，在他看来，它意味着"缺少区分 X 的东西"。他以它在《墨辩》中的三种用法为基础来论证这种用法。参见 A. C. Graham, *Later Mohist Logic*, *Ethics*, *and Science*, Hong Kong: The Chinese University Press, 1978, p. 212。然而，更为传统的、把"以"（yǐ）理解为"使用"或"借助于"的做法，在格拉汉姆提到的两种"无以"的情况下都是有意义的。

② A. C. Graham, *Later Mohist Logic*, *Ethics*, *and Science*, Hong Kong: The Chinese University Press, 1978, p. 318.

作非牛"。因此，"辩"并不是相反断言之间的争辩，而仅仅是对立物之间的争辩。在这一点上，A74 的解释非常清楚："有人说牛，其他人说非牛：这是对立物之间的争辩。"

从这里我们就可以更清楚地理解下半部分解释的意思了，把重点放在名称而不是断言上面："这里，两者都不适合。并非两者都适合，有些一定不适合（并非像是适合犬）"。这里的想法并不是说只有一个断言可以是真的，或者"适合这个事实"，而是说只有名称适合所说的对象，因为任何东西要么是一只牛，要么是一只非牛。这种解释得到了附加语"并非像是适合犬"的进一步支持，从这个附加语可以看到，"当"显然是在同一语境中使用的名称—对象的符合，而不是格拉汉姆在他的翻译中试图给出的断言—实在之间的符合①。

弗雷泽为"当"是后期《墨辩》真理的最佳候选这一观点提供了广泛的论证，因为与其他类似词项，比如"然"或者"所以"相比，它可以被理解为语义赋值断言，即使断言是名词化了的（事实上它们常常是名词化的）。② 然而，"一个人的陈述是真的"和"'雪是白色的'是真的"这两个陈述，在每种情况下都要求"真的"一词有两个不同的意思。就陈述描述真假和就语词描述真假，没有什么不一样，这样的话，前一个句子就变成了一种语义上溯，而后一个句子却不是。借用塔尔斯基（Alfred Taqrski）的表述，尽管我们可以说"'雪是白的'是真的，当且仅当雪是白的"，但不能说"'一个人的陈述'是真的，当且仅当一个人的陈述"。名词化短语必须被指认为对某事物为真，而不是简单为真。同样，"当"可以用来描述名词化的陈述和断言，但这一点仍然不意味着它可以成功地翻译成"是真的"。

然而我赞同弗雷泽的以下观点："当"承担的功能与真理承担的功能是相同

① "并非像是适合犬"是墨家用于表示一个对象有多个名称的例子之一（犬），这种例子和"辩""彼"的情况是不同的，对后者来说，当涉及名称与对象相适合的问题时，不存在任何歧义性或可变性。宇宙中的一切事物，要么是牛，要么是非牛，没有任何东西可以既是牛又是非牛，这种情况与狗和犬可以互换并不一样。此外，我省略了格拉汉姆的翻译中出现的引语，因为完全不清楚这是对"犬"这个词的提及。事实上，如果认为这里墨家用"犬"指称的是具有多个指称词项的对象本身，而不是指称这些指称词项本身之一，那会是更有意义的。

② 弗雷泽采用的真理概念，参见 Chris Fraser, "Truth in Mohist Dialectics", *Journal of Chinese Philosophy*, 39 (3), 2012, pp. 351 – 368. 主要是基于布兰顿的真理概念，这也许在他的论文《断定》中总觉得最好，在这篇论文中他论证说，名词化的短语可能会具有真值，而真理并不仅仅限于形式语句，参见 Robert Brandom, "Asserting", *Noûs*, 17 (4), 1983, pp. 637 – 650.

的，它可以用来评判语言和实在之间的关系。尽管"当"的确会与指称断言的名词化短语一同出现，例如"其言之当"（"他的陈述得当"或"他的陈述适合"），但这些用法并没有掩盖其最常见的用法，即作为表示名称和对象之间相符合的词项。① 一个人的陈述可以"当"，而且可以是真的。然而，"牛"这个词可以"当"，但如果不处在某个断定性语境中，它就不可能是真的（除非我们回到"对……为真"这种表述）。如果要把"当"看作《墨辩》中真理的最佳候选，我们就必须要么把特定的名词短语（在它们不是断言的地方）理解成指称断言，正如前文 A73 和 A74 所表明的，要么把名词化断言处理成断言而不是名词短语，以免把塔尔斯基"是真的"这种表述形式改为蒯因的"对……为真"的表述形式。总之，"当"被后期墨家用来指谓语言和实在之间以某种方式建立起来的关联，因此是一个语义充分条件，但绝不能翻译成"是真的"，在我们评价名词和名词化语句单位时，最好把它说成是"对……为真"。

这样看来，最好的办法似乎是这样描述后期墨家之所为：对他们所用的语词和短语进行语义赋值，然而，这是一种解释性的主张，我们只能从他们对"当"的使用当中推出这个主张。在这一点上，我更愿意考虑这种情况，即后期墨家明确诉诸了语言和世界的关系，从而否认后期墨家的语言哲学只对语用学感兴趣的观点。

（二）作为一个语义充分条件的"合"

在这一部分我将论证，后期墨家把他们的认识论中的一个知识对象——"合"，看成了一个语义充分条件。它明确指称的是语言与世界的关系，对我们来说，它不仅表明，称后期墨家做的就是语义学是有意义的，而且还表明，他们相信他们所做的是完全相同的事情：考察名称和对象（语言和世界）是如何符合的。② 然而，在我能够解释"合"是一个语义充分条件之前，我首先必须为后期墨家的认识论解释提供论证，这是"合"的出现的最重要的背景。

我将从《墨辩》的三个论断及其伴随的解释开始，即 A3、A5 和 A6，它们给出了与知识相关的三个词的定义。以下是对这三段话的翻译：

---

① Chris Fraser, "Truth in Mohist Dialectics", *Journal of Chinese Philosophy*, 39 (3), 2012, p. 363.

② 这一发现要归功于罗宾斯。参见罗宾斯提出的精确例证。参见 Dan Robins, "Names, Cranes, and the Later Mohists", *The Journal of Chinese Philosophy*, 39 (3), 2012, pp. 369 – 385。

A3：

知（智力/意识）（intelligence/consciousness）是一种能力。

"智力"：它是人借以进行认知的手段，通过它，人必然会知道什么。（就如同视力。）①

A5：

知（知道）（knowing）是一种关联。

"知"：借助人的智力，对于经历过的事物，人能够描述它。（就如同看见。）②

A6：

恕：（理解/智慧）（understanding/wisdom）是一种觉悟。

"理解"：借助人的智力，在谈论事物的时候，人对它的知识是显然的。（就如同视力的清晰可见。）③

与后期墨家的知识概念相关的难题，正是从这三个定义开始的，其中的两个似乎是同一个词。然而，最初是三个被分别定义的词："知" "智" 和 "恕"。④ A6 中定义的恕，是后期墨家自创的一个字，用它表示"智慧"的意思，《墨辩》通篇都在用它，例如在 A75 中把它和"愚"进行对比。⑤ 格拉汉姆告诉我们，因为"智"在传统上是用来表示智慧的，于是后来的编著者们把"恕"修改成了"智"，直到大约 B9，我们才会看到"智"被用作"知道"，后来又把所有"智"的例子都改成了"知"，这个可以解释为什么明显的同一个词在 A3 和 A5 中分别得到了界定。因此，在早期的墨家著作中，把"知"理解为"知道"，把"智"理解为"智慧"，是相对安全的。⑥

---

① A. C. Graham, *Later Mohist Logic*, *Ethics*, *and Science*, Hong Kong：The Chinese University Press, 1978, p. 267.

② A. C. Graham, *Later Mohist Logic*, *Ethics*, *and Science*, Hong Kong：The Chinese University Press, 1978, p. 267.

③ A. C. Graham, *Later Mohist Logic*, *Ethics*, *and Science*, Hong Kong：The Chinese University Press, 1978, p. 267.

④ 由于关于知识的所有这三个字是同一个罗马字，所以我决定这一部分只用汉字，以避免混淆。

⑤ A. C. Graham, *Later Mohist Logic*, *Ethics*, *and Science*, Hong Kong：The Chinese University Press, 1978, p. 77.

⑥ 这种解释有它的问题。最值得注意的是，《墨辩》A75 提到了所有这三个字，它们的使用方式或多或少与后期墨家在 A3、A5 和 A6 中对它们的定义相同，这意味着，编著者不像格拉汉姆所声称的那样前后一致。参见 A. C. Graham, *Later Mohist Logic*, *Ethics*, *and Science*, Hong Kong：The Chinese University Press, 1978, pp. 320 – 321.

我赞同格拉汉姆这里给出的解释，A80 的"知"最初是"智"——"知道"，这个词是在 A80 中定义或解释的，我在这里提出了我自己的翻译：

　　知：闻，说，亲，名，实，合，为。
　　知：传受之，闻也。方不障，说也。身观焉，亲也。所以谓，名也。所谓，实也。名实耦，合也。志行，为也。

　　Knowing: hearing, demonstrating, personally, experiencing, names, objects, hé, doing.

　　Receiving by transmission is hearing. Squares not rotating is demonstrating. One's own view is experiencing. What is used in speaking are names. What is called are objects. Names and objects being together is hé. Intending and proceeding is doing. ①

大多数与《墨辩》相关的词项都有自己的定义和分析，比如"为"（A75）、"说"（A72）、"闻"（A81）、"名"（A78）和"合"（A83……②格拉汉姆对《墨辩》这段话的解读，总体来看可以作为他对后期墨家认识论进行的解释的基础，局部来看，可以作为他对《墨辩》其余部分进行安排整理的根据，我将在这里对这些进行提炼。

他相信，前三个词指的是知识的来源，而最后四个指的是知识的对象。知识的来源是报道或传统、解释和体察，而知识的对象是名称、对象、将名称和对象进行关联的方式（合）以及行动③。从《墨辩》以及 A80 对这些词的解释看，我同意格拉汉姆的观点。

在对 A80 的解释中，我们看到了短语"名实耦合也"（把名称和对象放在一

---

① 尽管"合"有时候会被译成"一同"（together），但我认为这应该是对"耦"的译法，而"耦"经常被译为"相配"（mating）。然而，几乎没有什么理由相信这个字有这样的含义。因此，我经常的做法是不翻译"合"，或者把它翻译成"相符"（tallying），以避免混淆同语反复。
② 格拉汉姆引用 A85 作为对"为"的解释，但这个词的用法似乎更像 A75，其中的分析将意向（intention）与行动（action）结合了起来，A80 也是这样做的。
③ 格拉汉姆用他对"名实合为"的解读去指称四个独立的知识对象，以至于认为，后期墨家区分了先验知识（关于名称的知识）和后验知识（关于对象的知识），区分了如何将语词和对象联系起来的知识和如何行动的知识。名称的知识是一种关于语词之间关系的抽象知识，而关于对象的知识是一种更有语用性的知识（有能力知道，只要你把球扔出去，球就会落到地上），在其中语言上的关系可能根本就没有什么用。关于名称如何与对象相关联的知识，就是那种使用专名表达某个对象的能力，而关于行动的知识只不过就是技巧。参见 A. C. Graham, *Later Mohist Logic, Ethics, and Science*, Hong Kong: The Chinese University Press, 1978, p. 328.

起就是"合"),"合"的用法在这里很重要。后期墨家说的是,只要把名称和对象放在一起,它们也是"合"。掌握把名称和对象放到一起的正确方法,也就是"合"或"组合"的正确路径,对后期墨家来说,可以算作知识的对象。我们可以从 A83 中"合"的定义获得名称和对象的恰当匹配的意义,我将在这里给出格拉汉姆的翻译:

> 合(relation/tallying/being together)。准确地说,指的是那个恰当的、必要的东西。①

墨家学者通常都会澄清一件事:什么时候他们在专门谈论名称和对象的"合",而不是更一般意义上的"合",例如当它出现在格拉汉姆所重构的"名称和对象"中时,短语"名实不必合",我就把它译成了"名称和对象不一定合"。② 虽然我们在 A83 的定义中没有明确提到名称和对象,A86 把它用作一种类型的相同(同)时也没有这样做,但是,"合"在 A80 和 A83 中的出现支持这样两点:其一,在某些语境中,"合"指的就是名称和对象之间的关系;其二,这种关系是知识(按照自己的定义)的对象。名称和对象之间的这种关系,以及它们之间的**正确**匹配,正是语义学的内容,这表明后期墨家既是在做语义学,同时又认为他们自己通过宣称名称和对象之间的这种正确匹配的关系不仅对于他们的语言哲学很重要,对他们的认识论也很重要,而在做语义学。这样一来,既然他们明确界定和研究了被我们指认为"语义学"的东西,好像几乎就不可能否认后期墨家是关心语义学的,也就是关心语言与世界(名称与对象)的关系。

三 恰当性和精确性

我已经论证,尽管我们认为《墨辩》中没有一个词可以翻译成"是真的",但后期墨家当时肯定是在做语义学,并且他们也自认为是在做语义学。在这一

---

① 由于格拉汉姆的重构存在疑问,所以我省略了对这段话的解释,同时还有孙诒让最早提出的校订,也就是把"古"校订为"合"。不管怎样,"合"有自己的定义这个纯粹的事实才是这次提到 A83 的主要目的。

② "合"在这里是对"名"的校订,但这个情况中格拉汉姆的推理是合理的。参见 A. C. Graham, *Later Mohist Logic*, *Ethics*, *and Science*, Hong Kong: The Chinese University Press, 1978, p. 470。

部分我将表明，后期墨家也提出了语义和语用的区别，这使得很难为后期墨家只是通过语用学术语思考问题的论点加以辩护。实际上，到此为止我一直在讨论后期墨家如何使用语义学术语思考问题，下面我将讨论后期墨家如何同时使用语义学和语用学术语思考问题。

墨家学派在《墨辩》中至少有三个地方隐含地提到了这种区别，表明他们对描述性内容的重视程度，并不亚于对语用可接受性的重视程度。在这一部分，我想通过考察《墨辩》的有些段落，以表明我们区分了一个词的描述性内容和对它的使用。如果断言后期墨家提出了上述意义上的语用和语义的区分，那会是错误的，但后期墨家在讨论名称时所提出的一些区别却与此很接近，并且可以通过类似方式进行解释。后期墨家提出的区分也许可以描述为**精确**（accurate）名称和**恰当**（appropriate）名称的区分，这在很大程度上表明了语义和语用的区别。

（一）借用的名称

这种区别最明显的表现，涉及后期墨家所指认的借用的名称，或者说是那些并不反映名称的普通描述性内容的名称。墨家认为所有借用的名称都是"悖"的（反常的），这意味着一个名称要想被认定为借用的名称，它一定不能指称其通常意义上的指称对象。①

此外，如果我们把借用的名称称为"反常的"或"并非可断定的"，你可能会有这种感觉，即后期墨家根本就不认为借用的名称是真正的名称②。事实上，借用的名称的确不在墨家在 A78 所定义的"名"的名单之列，其中一个定义的翻译如下：

名称：达（reaching）；类（of kinds）；私（personal）。

解释（名称）："事物"是"达"。一个对象不管在哪里，它都必须等待这个名称。给它命名为"马"就是关于"类"的情况。对于任何与该对象相像的东西，我们要使用这个名称。给他命名为"臧"是"私"。这个名

---

① Dan Robins, "Names, Cranes, and the Later Mohists", *The Journal of Chinese Philosophy*, 39 (3), 2012, pp. 379 – 380.

② Chad Hansen, "Chinese Language, Chinese Philosophy, and Truth", *The Journal of Asian Studies*, 44 (3), 1985, pp. 506 – 507.

称就终止于这个对象。①

借用的名称不属于"达"名，它们也不命名"类"对象，它们也不是"私"名，因为它们通常指的不只是一个人（尽管这也不是对一个类的命名）。更准确地说，它们只是纯粹用于指称的，除此之外并没有任何描述性内容。B72的解释的第一句话总结了这一观点，它告诉我们："称这些为鹤是'可'的，但它们仍然不是鹤"。② 从本质上来说，尽管只要"鹤"作为一个家族名称，称呼某个东西为"鹤"就是"可"的（可接受的、语用上恰当的），但在这种情况下，这个词并不（也不能）指称实际的鹤，因为它并不表示这个类的一个对象；称这些"鹤"是恰当的，但并不精确。③

我们还可以从 A78 知道的一点是，后期墨家所指认的通常情况，指的是描述性内容或者与意义**相关**的情况。以"马"这个名称为例，可以把这一点说得最清楚，因为这个名称只能赋予那些"像"马的对象。这遵循了中国古代哲学当中"相似性标准"的命名模式，也就是说，只有当一个对象与某个标准或"法"充分相似时，它才能接受一个名称④。因为这属于通常情况，所以很容易看到为什么一个家族名称"鹤"需要后期墨家为之提供证成，因为它根本没有遵循标准的命名实践模式，虽然他们也意识到这个名称的语义不充分性以及这个名称的特定用法，但所提供的证成似乎是基于语用学的。

（二）"私"名

回到 A78 和后期墨家关于名称的更一般性讨论，我们可以看到一个与后期墨家所谓的"私"名相类似的区分。一个私名终止于这个对象，意思是说它只适于一个对象，而并不指称一个类的某个别的东西，这是后期墨家在这里给马命名和给某人命名为"臧"之间的关键性区分。然而，在使用"臧"这个名字

① Dan Robins, "Names, Cranes, and the Later Mohists", *The Journal of Chinese Philosophy*, 39 (3), 2012, p. 373.

② Dan Robins, "Names, Cranes, and the Later Mohists", *The Journal of Chinese Philosophy*, 39 (3), 2012, p. 377.

③ 对于《墨辩》中借用的名称的深度讨论，参见 Dan Robins, "Names, Cranes, and the Later Mohists", *The Journal of Chinese Philosophy*, 39 (3), 2012, pp. 378–381。

④ Chris Fraser, "Similarity and Standards: Language, Cognition, and Action in Chinese and Western Thought", Ph. D. Dissertation, University of Hong Kong, 1999, pp. 127–129.

（这是一个常见的贬义词，指男性奴隶），所谓"终止于这个对象"，后期墨家不可能用它表明每个人的名称都是独一无二的。相反，它的意思不过就是说，这个名称只是指称一个对象，而不是一种或一类对象中的一个实例。在这一点上，罗宾斯写道："……各种臧……并不构成一个类，它们的共同之处在于，它们就是拥有这个被赋予了的名称，但这并没有给它们提供它们因何而属于同一类的根据。"① 尽管"臧"是一个普通名字，但每当有人指称臧，他或她并不是在指"臧"的一个实例或者一个臧，而是指被命名为"臧"的一个特定的东西。

也就是说，至少有三个原因可以解释为什么后期墨家会认为"私"名不仅仅区别于其他名称，而且也区别于他们关于命名的传统思想，若对此详加考察，会厘清我们在谈到借用的名称时已经讲到的恰当性和精确性的区分。首先，虽然称呼一个特定的人为"臧"是恰当的，但如前文所述，把这描绘成精确行动几乎没有什么意义，因为"臧"绝不是指称一种或一类对象的一例。其次，就像借用的名称的情况那样，私名也区别于相似性标准模式。② 从这个意义上说，用这个名称去指称任何一个被命名为"臧"的东西，只是在语用上恰当的，虽然它在语义上也不是精确的，这是因为，一个私名不可能以一个对象匹配一个标准作为基础。最后，在古代中国有一种情况很常见，即私名都是借用的名称，因为用作私名的语词本身就具有意义。在英语中有时我们会从"Frank"这样的私名中看到这种情况。尽管"Frank"这个词有自己的意义，而且用作一般词项，但由此绝不能推出所有单个命名为"Frank"的人也是 frank（坦诚的）。"Frank"这个名称仅仅指称具有这个名称的那个人，除此之外没有任何描述性内容或语义值。非常有趣的是，用"恰当性"去刻画私名并非没有动机，如果我们回忆一下 A83 就会发现，后期墨家就曾谈到"臧"与这个名称的指称对象的"合"，说它指的"是恰当的那一个"，这让这种描述尤为贴切。

墨家对专名的描述只与语义—语用的区分以及精确性—恰当性的区分隐含地相关，后者在借用的名称的讨论中表现得更为明显。然而只要我们记得，根据私名的情况有多么不同［因为他们：（1）并没有采用相似性标准的命名模型，

---

① Dan Robins, "Names, Cranes, and the Later Mohists", *The Journal of Chinese Philosophy*, 39 (3), 2012, p. 374.

② 关于中国古典语言和哲学的"相似标准模型"理论的深入讨论，参见 Chris Fraser, "Similarity and Standards: Language, Cognition, and Action in Chinese and Western Thought", Ph. D. Dissertation, University of Hong Kong, 1999 和 Dan Robins, "Names, Cranes, and the Later Mohists", *The Journal of Chinese Philosophy*, 39 (3), 2012, pp. 369 – 385。

（2）没有命名一类对象，和（3）经常是借用的]，那么，认为它们只是在语用上恰当而不是语义上精确，就是说得通的；决定私名的正确应用的，是约定，而不是内容。

（三）"秦"马

区别恰当性和准确性的另一个例子出现在《大取》（"更大的选择"）3A/3－4 和 4A/4－9，其中涉及秦马，或者说，来自秦国的马。受限于文本条件，对这段话以及《大取》其他段落有意义的分析，本质上是非常困难的。事实上，我们所掌握的关于秦马唯一的讨论也只不过就是这两段。①

后期墨家在《大取》4A/4－9 讨论的那些名称，既不反映对象的"貌"（形状和特征），也不反映对象的住所和位置，而是那些纯粹属于约定性的名称。在格拉汉姆的译文中，相关的句子解读如下：

> 在这里……有一个涉及便利性的词。在根据形状和特征进行命名的过程中，我们必须知道这个东西是"X"，只有这样，我们才会知道"X"；在那些命名不可能以形状和特征为基础的情况下，即使我们不知道这个东西是"X"，也可能会知道"X"。在所有以住所和迁徙为基础进行的命名中，如果它们是已经进入其范围的东西，它们就全都是关于这个地方的；如果他们离开了这个地方，按照这个标准，他们就不是这样的了。②

正如罗宾斯所论证的，后期墨家认为"貌"就是那些可以直接感知的特征，根据这些特征能够判定一个对象是否与"法"或"标准"相匹配。③ 但是在讨论位置名称时，一般来说我们不可能依靠村庄的"貌"来告诉我们所在的是哪个村庄。因此后期墨家得出结论：在以住所和迁徙为基础进行命名时，"如果它

---

① 格拉汉姆试图将"大取"和"小取"重新整合到他所谓的"名称与对象"的框架当中，这主要是因为在"大取"4A/2 中重复出现了关于名称和对象（名实）的字，这也许表明了，第一个例子是关于名称和对象的研究主题，这也是这段文本的前两个词。关于"小取"的实质性讨论，参见 Dan Robins, "The Later Mohists and Logic", *History of Philosophy and Logic*, 31 (3), 2010, pp. 247－285。

② A. C. Graham, *Later Mohist Logic*, *Ethics*, *and Science*, Hong Kong: The Chinese University Press, 1978, p. 471.

③ Dan Robins, "Names, Cranes, and the Later Mohists", *The Journal of Chinese Philosophy*, 39 (3), 2012, pp. 370－373.

们是已经进入其范围的东西，它们就全都是关于这个地方的；如果它们离开了这个地方，按照这个标准，它们就不是这样的了"。[1]

下面来考虑我们所掌握的关于"秦马"的片段，这里我给出了汉语原文和我的翻译：

> 有有于秦马，有有于马也，智来者之马也。（《大取》3A/3 – 4）
> 有一匹秦马，就是有一匹马，就是要知道它是来自那里的某个人的马。

令人惊讶的是，根据"秦马"的这个定义，这个马并不一定在秦，尽管把这样的马叫"秦马"是恰当的，考虑到上面提到的两种命名类型，这似乎是一个逻辑矛盾。[2] 事实上，后期墨家并没有把"秦马"定义为那些**在**秦的马，而是**来自**秦的马。这一点尤为重要，因为即使秦马中的"秦"并不指称马的"貌"的任何部分（因为秦本身就是一个位置），我们仍然不能通过位置命名给秦马提供名称，因为秦马已经不在秦了。这里，后期墨家们似乎只是对他们自己的位置命名规则提出了一个例外情况，并简单地称之为"便利性词项"（便谓），他们声称，尽管马不**在**秦，我们仍然可以称这样一匹马为"秦马"；这样一个名称是恰当的，但不是精确的。

四 结论

在这篇文章中，我论证了：后期墨家所掌握的完全是关于语言的语用学方案的观点是错误的；语义充分性，语言与世界之间的正确关系，是其语言哲学及其认识论的基础所在。然而，这并不意味着后期墨家采用了我们在西方学界看到的真理概念。确切地说，后期墨家所拥有的是一系列这样的词项，我们最好把它们的作用描述为，对他们的语词进行语义或语用充分性的评价。像"当"（适合）和"合"（相符）这样的语义充分性词项与"可"（可以接受的、恰当

---

① A. C. Graham, *Later Mohist Logic, Ethics, and Science*, Hong Kong: The Chinese University Press, 1978, p. 471.

② 格拉汉姆还在外借命名与秦马之间提出了这种区分，尽管我不愿意相信，作为纯粹便利性词项的秦马反映了外借命名的一个实际案例，这必定是反常的（回想一下《墨辩》B8），那里谈到秦马时没有提到这样的条件。

的、正确的）这样的语用词项共同作用，从而创造出一种丰富而独特的语言哲学，其中一些思想具有惊人的现代性特征。

但是，这个结论的说服力并不必然是因为我们能够把后期墨家描述成做语义学，而是说有证据让我们相信，墨家有可能认为他们自己是在做语义学。文章的第二部分阐明了后期墨家所提出的各种区分，这些区分看上去与语义和语用的区分很相似，我把这个区分记为精确使用和恰当使用的区分。墨家认识到，存在语言的某些用法，它们反映了一个语词和世界上某个对象之间的关系，而有时我们必须忽略标准的用法，而只是出于约定原因才使用一个词，比如使用借用的名称、私名和秦马。更有趣的一点是，那些只是恰当但并不精确的命名似乎是通常情况下的例外，在通常情况下，精确性才是最重要的。如果说恰当的东西和语用性的东西之间有什么关系的话，那么我们就几乎没有理由去接受这一点，即后期墨家当时采用了一种专门的语用语言学理论，按照这种理论，由社会约定和规范所支配的语言与使用者的关系，主导了所有的语言活动和理论化。

［本文译自 *Dao*（2014）13：215－229，译者刘叶涛、朱亚彬。译者单位：南开大学哲学院、燕山大学文法学院。本译文系国家社科基金项目（编号21BZX04）的阶段性成果。］

（本文编辑：张力锋）

Semantics without Truth in Later Mohist Philosophy of Language

Frank SAUNDERS

Abstract：In this paper, I examine the concept of truth in classical Chinese philosophy, beginning with a critical examination of Chad Hansen's claim that it has no such concept. By using certain passages that emphasize analogous concepts in the philosophy of language of the Later Mohist Canons, I argue that while there is no word in classical Chinese that functions as truth generally does in Western philosophy for grammatical reasons, the Later Mohists were certainly working with a notion of semantic adequacy in which a language-toworld relationship is made an object of investigation, challenging Hansen's position that classical Chinese functions within a primarily pragmatic linguistic framework in which a language-to-user relationship determines the meaning of words.

Keywords:Later Mohists;Language;Truth;Semantic Adequacy

语构范畴理论及其对罗素悖论的消解

黄 盛

（南京大学现代逻辑与逻辑应用研究所）

摘 要： 波兰逻辑学家勒希涅夫斯基曾在其语构范畴理论的基础上，为罗素悖论提供了一个独特的解决方案。语构范畴理论是一个后设逻辑语构系统。在把握语构范畴理论的发展史与系统重建语构范畴理论的基础上，可以更为清晰地呈现这一解悖方案的独特性质及其启发价值。悖论是一种语言寄生物，若要消解悖论，首先要澄清所用语言的语构规范。

关键词： 勒希涅夫斯基；罗素悖论；范畴词；非范畴词；范畴语法

一 "范畴语法"与"语构范畴"理论简史

所谓的范畴语法（categorial grammar）有两个源头。一个是弗雷格（Gottlob Frege），另一个是胡塞尔（Edmund Husserl）。胡塞尔为了建造一个形式本体论，提出意义范畴（Bedeutungskategorien）一说，并以此意义范畴对应亚里士多德的本体范畴，形成所谓的"纯粹逻辑"或"纯粹语法"；换言之，胡塞尔的纯粹语法是他的形式本体论的基础。波兰逻辑学家勒希涅夫斯基（S. Leśniewski）虽然对胡塞尔的形式本体论或亚里士多德的本体范畴没有兴趣，但意义范畴概念触发起他对逻辑语言的语法规范的思考，并借此探究解决罗素悖论的路径。然而这仅仅是勒希涅夫斯基的语意范畴理论的一半，因为如果没有弗雷格对函数的分析——即函数为其论元有待被满足的概念——仅仅一个语意范畴概念亦不足以建立一个语法理论。另一个波兰逻辑学家爱裘凯维茨（K. Ajdukiewicz）继承了勒希涅夫斯基的语意范畴理论，并造出了第一个范畴语法（categorial grammar）演算系统，应用对象是形式语言。[①]

---

① Ajdukiewicz, K., *Syntactic Connexion*, in *The Scientific World-perspective and Other Essays* 1931 – 1963, ed. / trans. by Jerzy Giedymin, Dordrecht: D. Reidel Publishing Company, 1978, 118 – 139.

20世纪50年代，在美国麻省理工学院任教的以色列逻辑学家巴尔－希勒尔（Y. Bar-Hillel）在研究机器翻译的可能性期间重新发现了爱裘凯维茨的范畴语法，并造出了一个用于分析自然语言的记法系统。① 加拿大麦吉尔大学的数学家兰贝克（J. Lambek）则造出了一个一般化演算系统，可用于判别形式语言和自然语言中的句与非句。②此后，很多逻辑学、哲学、语言学、计算语言学等学科的工作者从各方面发展范畴语法。

"范畴语法"的得名主要是由于勒希涅夫斯基和爱裘凯维茨沿用了胡塞尔的术语"意义范畴"。1949年，另一个波兰逻辑学家波亨斯基（I. M. Bocheński）予以正名为"语构范畴"（syntactic categories）。③事实上，作为分析语句结构用的词类范畴本属于语构范畴，但在讨论语言和意向性经验之间的关系时，胡塞尔提出的"意义范畴"概念中的"意义"却更多是抽象的意义（思想的内容）。胡塞尔认为，在对世界的认识中，某些内容的仅仅聚合不成为有意义的整体，意义范畴是对意义的保障，即在一个拥有统一意义的语境中，某语词（在其具有某特定内容的情况下）可以被同属一个意义范畴的另一语词代换，而不致使该本来具有统一意义的语境变得支离破碎或不连贯。④因此，胡塞尔的意义范畴是指在保存某特定语境的统一意义的情况下，可以互相替换的语词从属同一"意义范畴"（胡塞尔用语）或"语构范畴"（波亨斯基用语）。

这个思想的渊源来自古希腊文语法和欧洲中古时期经院派逻辑对范畴词（categorema）与非范畴词（syncategorema）的区分。古希腊文语法划分范畴词和非范畴词。前者指称自足的实体，凡指称非自足实体的词，一律称为"非范畴词"。所谓"自足"指的是意义上的自足，例如名词；"非自足"指的是在意义上要依赖语言脉络才能予以辨别，例如动词、副词、形容词等。中世纪的逻辑学者把上述区分用于形式语义学，并且认为只要是拥有独立意义的词即为范畴词，而缺乏独立意义的词为非范畴词。就意义功能而言，范畴词可以是主词或谓词；非范畴词则不可以是主词，也不可以是谓词。英语中，范畴词的典型例子有"horse"

---

① Bar-Hillel, Y., A Quasi-Arithmetical Notation for Syntactic Description, *Language* (1953), 29 (1): 47 – 58.

② Lambek, J., The Mathematics of Sentence Structure, *American Mathematical Monthly* (1958), 65 (3): 154 – 170.

③ Bocheński, I. M., On the Syntactic Categories, *The New Scholarsticism* 23 (1949), 257 – 280.

④ Husserl, E., *Logical Investigations*, Vol. 2, trans. J. N. Finlay, London: Routledge & Kegan Paul (1970), Investigation IV, § § 1 – 10.

"sun"；而 "the tail of a horse" 中的 "of"、"the sun is shining and roses are bloom-ing" 中的 "and"、"all men areanimals" 中的 "all" 都是典型的非范畴词例子。中世纪逻辑学者关心的其实是非范畴词。威廉舍伍德（William of Sherwood）对非范畴词的研究便主要是对拉丁文中的 "OMNIS"（凡／每个）、"TOTUM"（整体）、"UTERQUE"（两者皆）、"NULLUS"（无）、"NEUTRUM"（两者皆非）、"PRAETER"（但是）、"TANTUM"（仅）、"EST"（是）、"NON"（非）、"NECESSARIO"（必然地）、"CONTINGENTER"（偶然地）、"SI"（如果）、"NISI"（除非）、"ET"（和）、"VEL"（或）等词的分析。稍加留意不难见到，它们在语构功能上都属于算子类，其中包括 19、20 世纪逻辑学者比较关注的量词、联结词和模态算子。毫无疑问，中世纪逻辑学者对逻辑语法的研究先于 19 世纪的逻辑学者，如皮尔斯（C. S. Pierce）和弗雷格。他们采取的途径是将一些句子分解为逻辑常项与变项的组合，而逻辑常项的行为则用来决定含有该逻辑常项的句子在语构上的合法性（以至该句子的真值条件）；也就是说，在一个以逻辑常项与变项为组合的句式中，变项必须符合逻辑常项的要求。比如，如果拉丁文里的 "ET"（和）用作命题联结词，那么用以符合 "ET" 的联结项或用作联结项的变项便必须是命题或命题变项（即用来指称命题的变项）；如果 "ET" 用作名词联结词，那么用以符合 "ET" 的联结项或用作联结项的变项便必须是名词或个体变项（即用来指称个体的变项）。这实际上是一种相当自然的语法规范，而所谓 "自然" 是指这种规范来自语言本身的特性；因此，相对于罗素的逻辑型（logical types），这样的语法规范是自然的。

胡塞尔的意义范畴理论来自他的纯逻辑语法构想。在反心理主义的驱使下，他试图把意义处理为独立于主体心力以外的客观的东西。但意义是一种抽象的东西，因此胡塞尔的意义范畴是建立在这个认识之上。显然，胡塞尔的范畴论脱离了经院派逻辑学者分析自然语言实体的路向，而更多地是为了配合亚里士多德的本体范畴而创造出来的东西。

勒希涅夫斯基的出发点则有两个。一个是要解决当时的集合论悖论（主要是罗素悖论）；另一个则更重要，就是为了他的数学基础而建立一个异于经典逻辑及型论的逻辑语言，这个语言的语构规范来自他的语构范畴理论。这两个出发点殊途同归，因为任何一个基础语言都必然需要防范悖论的浮现。勒希涅夫斯基抗拒型论的原因在于罗素为解决悖论问题而创造出一些新的实体，即所谓的逻辑型。如果有更自然的选项，我们便不必跨越这一步。事实上，我们的确有一个自然的选项，就是语构范畴。语构范畴不是为了解决某一特定问题的实体，而是自然语言语部的一个分类。语部或句子成分（比如名词、形容词、动词、副词等）在西方语系 —— 即从古希腊文到拉丁语到现代的波兰文或德语等这条线索 —— 本来就是相当自然而无本体承诺的分类。勒希涅夫斯基的语义范畴也只不过是建立在传统语部的区分之上的语构范畴。勒希涅夫斯基使用"语义范畴"一语源于这样一个见解：语言表述必须在符合语法范畴规范的前提下才能有意义。但在其短暂的一生中，勒希涅夫斯基一直都没有明确地把他的语义范畴理论系统化。他只是在建构他的逻辑系统时应用了语义范畴的概念。首先将语义范畴作系统化表述的是爱裘凯维茨。

二 语构范畴理论的系统建构

语构范畴理论有两个关于形式语言的假设：

假设 1：一个词式（word pattern）必须是一个在语构上连贯的整体才具有意义。

假设 2：任何两个词，如能在同一个具有统一意义的脉络中互换而不至于使该脉络变成不连贯词式及丧失统一意义即隶属同一语构范畴。

关于假设 1 可如此说明：凡单字为一词式，并且是连贯的；凡复合词（包括句子）为一词式，但不必然是连贯的。譬如"阳光灿烂"中的"灿烂"可以代入"明媚"或"酸辣"；所得出的句子"阳光明媚"和"阳光酸辣"都具有连贯的句型，以及具有统一的意义；然而，假如我们用"发射"或"或许"取代"灿烂"，所得出的句子便不能被视为具有连贯的句型，更不可能有统一的意义了。至此，我们实际上还没有严格地界定何谓"在语构上连贯"（syntaktisch konnex）。"在语构上连贯"是语构范畴理论的核心概念，下文有准确的表述。

关于假设 2，我们称之为"同一范畴原则"，并作如下定义：

$$A, B \in CAT_i \equiv \exists sA((S_A \in CAT_S) \supset (S_B \in CAT_S))$$

其中"A""B"为两个语词，"S_A"为包含语词"A"的句子，"S_B"为包含语词"B"的句子，"CAT_i"代表某语构范畴，"CAT_S"代表句子范畴。也就是说，任何两个语词"A"（具 x 义）和"B"（具 y 义）均属同一语构范畴，当且仅当，如有一包含语词"A"的句子"S_A"，当"A"被"B"取代之后而使句子"S_A"转换成包含"B"的句子"S_B"时，"S_B"仍然是一个句子。由于对语构范畴的定义颇为困难，同一范畴原则其实就是对语构范畴的一个界定。

爱裘凯维茨遵循勒希涅夫斯基的习惯，把语构范畴划分为基本范畴和函子两大类。原因在于爱裘凯维茨的范畴语法演算（calculus for categorial grammar）仅应用于一阶逻辑。我们假设函子范畴有一个无约束性的向上分支层级。这个层级按两个因素排序：其一，论元的数目及其语构范畴；其二，整个复合表式及其论元以及其论元的论元的语构范畴。假如我们采用一个指标记法（index notation），以"n"指代名称、"s"指代句子，则分支层级可写作：

$$n,s,\frac{n}{n},\frac{n}{nn},\cdots,\frac{n}{s},\frac{n}{sn},\cdots,\frac{s}{n},\frac{s}{nn},\cdots,\frac{s}{s},\frac{s}{sn},\frac{s}{ss}\cdots,$$

$$\frac{\frac{s}{n}}{n},\frac{\frac{s}{s}}{n},\frac{\frac{s}{ss}}{n},\cdots,\frac{\frac{s}{n}}{\frac{s}{n}},\frac{\frac{s}{n}}{\frac{s}{ss}},\cdots,\frac{\frac{s}{s}}{\frac{s}{s}},\frac{\frac{s}{s}}{\frac{s}{ss}},\cdots$$

用自然语言表述，"$\frac{x}{y}$"为一函子范畴，"–"下方的"y"为该函子的论元，而"–"上方的"x"为该函子的值。爱裘凯维茨使用分数式记法，以模仿分数相乘的操作。理论上，函子范畴可有无穷个的不同组合，因此函子范畴可以是无穷的；但无论是人工语言还是自然语言都不会无穷复杂，而且各语言的语法亦有别，因此对某些语言来说，有些范畴属空范畴。

在应用上，第一步是指派范畴。以自然语言为例，英语句"The lilac smells very strongly"可有以下的范畴指派：

（1）The lilac smells very strongly.

$$\frac{n}{n}\quad n\quad \frac{s}{n}\quad \frac{\frac{\frac{s}{n}}{\frac{s}{n}}}{\frac{s}{n}}\quad \frac{\frac{s}{n}}{\frac{s}{n}}$$

如何决定语构范畴不是一个任意的行为，准则来自该语言的使用习惯。比如有下面这样的句子：

（2）The lilac smells.（紫丁香散发香味。）

在语句（2）中，"lilac"属名，"the lilac"也属名，因此"the"便是一个以名构名的函子。同时，由于"the lilac smells"是个句子，因此不及物动词"smells"便是一个以名（the lilac）构句的函子。基于英语的使用准则，我们给"lilac"指派 n、给"the"指派 $\frac{n}{n}$、给"smells"指派 $\frac{s}{n}$。英语传统语法中的副词属范畴 $\frac{\frac{s}{n}}{\frac{s}{n}}$，原因在于副词用作修饰动词，因此，如果"smells"被指派 $\frac{s}{n}$，则

（3）The lilac smells strongly.（紫丁香散发强烈香味。）

中的"smells strongly"便应该属于 $\frac{s}{n}$ 范畴，而"strongly"便应该是一个以 $\frac{s}{n}$ 构 $\frac{s}{n}$ 的函子了。所以我们应该给"strongly"指派 $\frac{\frac{s}{n}}{\frac{s}{n}}$ 范畴。按传统英语语法的观点，用来修饰副词的修饰语也属副词类；按语构范畴理论的观点，这个传统观点显然是错的。因为如果"very"和"strongly"都属于 $\frac{\frac{s}{n}}{\frac{s}{n}}$ 范畴，那么本应该是一个连贯语式的。

（4）very strongly

$$\frac{\frac{s}{n}}{\frac{s}{n}} \qquad \frac{\frac{s}{n}}{\frac{s}{n}}$$

语句（4）便不是一个连贯的语式。$\frac{\frac{s}{n}}{\frac{s}{n}}$ 是一个以 $\frac{s}{n}$ 构 $\frac{s}{n}$ 的范畴，但无论是"very"还是"strongly"都无法满足对方的论元要求，即谁也未能提供一个 $\frac{s}{n}$ 给

对方！但按语构范畴理论，既然"very"是一个副词修饰语，它显然便是一个以

$$\frac{\dfrac{s}{n}}{\dfrac{s}{n}}（副词）构 \frac{\dfrac{s}{n}}{\dfrac{s}{n}} 的范畴；也就是说，"very"应该属于 \frac{\dfrac{\dfrac{s}{n}}{\dfrac{s}{n}}}{\dfrac{\dfrac{s}{n}}{\dfrac{s}{n}}} 范畴。$$

指派范畴是第一步，第二步则是设定推导规则。推导规则的作用是判定某一给定的表述是否连贯的表式。就上述英语例句而言，我们只需一个简单的规则：

$$R1 : \frac{x}{y} \quad y \to \quad x ①$$

爱裘凯维茨设计的是一个单向系统，即所有论元排在所属函子的右边，因为他采用了波兰记法，即函子紧置于其论元之前，故单向已经足够。$R1$ 是说，给定一范畴如 $\frac{x}{y}$，如紧接其后是一范畴 y，我们即可推导出范畴 x；意即该串联式 —— $\frac{x}{y} y$ —— 为连贯，也就是合式或合乎该语言之语构。在使用波兰记法时，我们先列出主函子（称为"一级函子"），然后是主函子的所有论元（称为"一级论元"，从左至右排列）。如主函子的论元之中有函子（称为"二级函子"）存在，该函子的论元（称为"二级论元"）必须紧列其后。如此类推。推导操作自左至右执行，找出第一个有 i 级论元紧随的 i 级函子，执行合规的推导之后，再从头自左起找出第一个有 j 级论元紧随的 j 级函子，执行合规的推导，如此类推。

现在让我们分析句（1），并以波兰记法表述。按英语的使用常规，句（1）可以毫不含糊地划分为两部分："the lilac"和"smells very strongly"。"smells very strongly"需要一个名词以成句，所以"the lilac"是"smells very strongly"的论元。"the lilac"中的"the"是一个需要名词来满足的函子，所以"lilac"是"the"的论元；另一方面，"smells very strongly"中的"very strongly"用来修饰动词"smells"，所以"smells"是"very strongly"的论元。至于"very

---

① 我们可以视"→"为一个后承关系，类似经典逻辑的"⊢"。

strongly"一语,"strongly"属副词,而"very"用来修饰"strongly",所以"strongly"是"very"的论元。我们从这个分析中看到一个现象:凡修饰语都是函子范畴。前面的分析从最低级的成分开始,终于最高级(即一级)成分。因此反过来,"very"便是一级函子,而"strongly"是它的一级论元;"strongly"是二级函子,而"smells"是二级论元;"smells verys trongly"是三级函子,而"thelilac"是三级论元;最后"the"是四级函子,而"lilac"是四级论元。按此分析为基础,句(1)可以写作:

(5) Very Strongly Smells the Lilac.

句(1)的原子表式(即各单词的范畴排列)亦可按句(5)排列如下:

$$(6)\quad \cfrac{\cfrac{\cfrac{s}{n}}{\cfrac{s}{n}}}{\cfrac{s}{n}} \quad \cfrac{\cfrac{s}{n}}{\cfrac{s}{n}} \quad \cfrac{s}{n} \quad \cfrac{n}{n}n$$

并且可以有以下的推导(由于例句句式简单,推导的每一步用的都是 $R1$ 规则):

(7)句(1)为语法连贯的证明:

1. $\quad \cfrac{\cfrac{\cfrac{s}{n}}{\cfrac{s}{n}}}{\cfrac{s}{n}} \quad \cfrac{\cfrac{s}{n}}{\cfrac{s}{n}} \quad \cfrac{s}{n} \quad \cfrac{n}{n}n$

2. $\quad \cfrac{\cfrac{s}{n}}{\cfrac{s}{n}} \quad \cfrac{s}{n} \quad \cfrac{n}{n}n \qquad$ (1st 导数)[①]

3. $\quad \cfrac{s}{n} \quad \cfrac{n}{n}n \qquad$ (2nd 导数)

---

① 爱裘凯维茨称之为"Ableitung"(德语),即英语的"derivative"。

4. $\dfrac{s}{n}n$ （3rd 导数）

5. s （最终导数）

上述推导得出了一个 s，即（1）为句子，由此证明了句（1）为连贯（即合乎英语语构），并且因此而具有统一的意义。但语构范畴理论的应用对象是经典逻辑的语言，与属于自然语言的句（1）相比，经典逻辑的语言便简单得多了。

三　罗素悖论的消解

若以语句或命题逻辑的句式为对象，语法范畴理论的应用是直接明了的，比如

（8）$\sim p \supset p . \supset . \sim p$[①]

指派范畴是轻而易举的事。语句逻辑（或命题逻辑）只有一个基本范畴，就是句子（或命题符号），而所有的联结词都是语句（或命题）联结词，因此（8）可有以下的范畴指派：

（9） $\sim$ p $\supset$ $p .$ $\supset .$ $\sim p$

       $\dfrac{s}{s}$ s $\dfrac{s}{ss}$ s $\dfrac{s}{ss}$ $\dfrac{s}{s}s$

下为（9）的波兰记法，其中第二个"$\supset$"置于第一个"$\supset$"之前：

（10） $\supset$ $\supset$ $\sim$ p p $\sim$ p

       $\dfrac{s}{ss}$ $\dfrac{s}{ss}$ $\dfrac{s}{s}$ s s $\dfrac{s}{s}$ s

（11）句（8）为语法连贯的证明：

1. $\dfrac{s}{ss}$ $\dfrac{s}{ss}$ $\dfrac{s}{s}$ s s $\dfrac{s}{s}$ s

2. $\dfrac{s}{ss}$ $\dfrac{s}{ss}$ s s $\dfrac{s}{s}$ s （1st 导数）

3. $\dfrac{s}{ss}$ s $\dfrac{s}{s}$ s （2nd 导数）

---

① 我们使用怀特海和罗素在《数学原理》中使用的记法。

4. $\dfrac{s}{ss}$ $\quad s \quad s$ $\qquad\qquad\qquad$ （3rd 导数）

5. s（最终导数）

最后可使用语法范畴理论来分析罗素悖论。罗素悖论源于朴素集合论，烦恼来自对一特殊的集的思考：此一特殊的集为所有不是自己元素的集的集。使用朴素集合论的语言，该特殊的集可有以下的定义：

（12）$y \in \{x : x \notin x\} \equiv y \notin y$

其中 y 是我们要定义的集，只要 y 不属于自己，y 便属于 $\{x : x \notin x\}$ 这个集。（12）的表述其实并不恰当，因为它使用了一阶逻辑的语言，而罗素悖论中要定义的集是以集为元素的集，因此必须使用二阶逻辑的语言来表述。使用二阶逻辑的语言，（12）可有以下的表式：

（13）$\Phi(F) : \equiv : \sim F(F)$

（12）和（13）的形式分别在于（12）用了一个集合论中的二元关系（属于），而（13）则使用了一个函数谓词来取代；（12）中的"y"对应（13）中的"F"，而（12）中的"$\{x : x \notin x\}$"则对应（13）中的"Φ"。

我们现对（13）进行范畴指派：

（14）$\quad\Phi\qquad(F) : \equiv : \qquad\sim\qquad F\qquad(F)$

$\qquad \dfrac{s}{\frac{s}{n}} \qquad \dfrac{s}{n} \qquad \dfrac{s}{ss} \qquad \dfrac{s}{s} \qquad \dfrac{s}{n} \qquad \dfrac{s}{n}$

必须解释的是为什么"F"属于 $\dfrac{s}{n}$ 范畴。其实也很简单，如果集的元素是个体对象的话，那么指称某集的"F"的语构范畴必然是以名（指称个体对象！）构句的函子；譬如

（15）Fx

明显就是一个语句（或命题）函数：如果"x"属 n，"F"则必然属 $\dfrac{s}{n}$。至于对"Φ"的范畴指派亦相当直观。罗素那一特殊的集实际上是个以集为元素的集，因此，假如"F"属 $\dfrac{s}{n}$，"Φ"则必然属 $\dfrac{s}{\frac{s}{n}}$。下一步是进行波兰前缀记法，并尝试证明（13）在语构上是连贯的：

（16）$\quad\equiv\qquad\Phi\qquad F\qquad\sim\qquad F\qquad F$

1. $\dfrac{s}{ss}\qquad \dfrac{\frac{s}{s}}{n}\qquad \dfrac{s}{n}\qquad \dfrac{s}{s}\qquad \dfrac{s}{n}\qquad \dfrac{s}{n}$

2. $\dfrac{s}{ss}\qquad s\qquad \dfrac{s}{s}\qquad \dfrac{s}{n}\qquad \dfrac{s}{n}$

显然，推导过程到了第 2 步便必须终止：进行了第 2 步的推导之后，我们再从左起找寻第一个出现并有其论元紧随其后的函子，但第 2 步后的范畴系列不存在这样的一个函子。因此（16）不是一个合乎所用逻辑的语构的句式；换言之，所谓的"所有不是自己元素的集的集"在罗素的表述上不是一个符合所用语言（逻辑语言）的语构规则的句式。要注意，我们的例子假设 F 是一个以个体为元素的集；但事实上，罗素的定义并没有澄清" F "的性质。

四 结语

一般来说，在处理悖论一事上，路径大致有二。一是以整体为考量，视察和分析悖论的各种理论因素；二是从最基本的语法上逐一解决可以消解的个别的悖论。基于语构范畴理论的解悖方案，走的是第二条路径。

作为第二条路径，语构范畴理论的优势在于它可能是最能忠于语言规范的一个理论。悖论产生的背后可以有多个因素，但最重要的一个因素显然无过于其表式必须"正确"，即符合所用语言的语法规范。若表述有误，当然不可视该悖论为理所当然地成立。假如我们能够决定一个悖论的表式不是一个语法上的失误，我们便可以追究该悖论是否概念上出了问题，或更进一步视察其所赖以生存的预设及理论框架。这本来就是哲学分析的一个合理路向。

无可否认，悖论或任何一个有意义的句式成立的首要条件，是必须符合其赖以表达的语言的规范。如果用以表达某个悖论的句式没有意义或该句式在所使用的语言里缺乏意义，因此而得出的悖论便很可能只是个误解或是一个对所使用的语言的误用。勒希涅夫斯基的语构范畴理论认为一个语言串（linguistic string）只要合乎所用语言的语构规则便基本上是有意义的。这个说法很可能受到质疑，因为或许有人提出这样的"反例"：

（17）The sun whitles

$\qquad \dfrac{n}{n}\qquad n\qquad \dfrac{s}{n}$

骤眼看来，（17）似乎算不上有意义，但它正是爱裘凯维茨刻意提出的例子。如果

（18）The　　sun　　shines

$$\frac{n}{n}\qquad n\qquad \frac{s}{n}$$

是有意义的话，（17）同样有意义。因为（18）在英语语法上是连贯的，而（17）在英语语法上也是连贯的。"whistles"和"shines"属于同一个语法范畴，占据相同句式中的同一位置。反对者或许认为太阳是不可以吹口哨的，因而判断（17）为没有意义。问题是这样的一个判断缺乏语构上的基准。语构范畴理论以所使用的语言规则为依据。（18）的"意义"来自英语的语法规则，（17）同样遵守了英语的语法规则，因此（17）是有意义的。比较准确的说法或许是因为（17）遵守了英语的语法规则，因此而具备"有意义"的可能性。语构范畴理论的这个观点实际上十分切合自然语言的使用规则。一个例子即能击中要害，比如作为文学性修辞，（17）是绝对成立的，即合乎语构及兼具有意义。只要一个语言中的句式具有意义，它必然符合该语言的语构；反过来，如果该句式不符合所用语言的语构，它便肯定没有意义。比如

（19）The　　sun　　blue

$$\frac{n}{n}\qquad n\qquad \frac{n}{n}$$

或

（20）The　　sun　　and

$$\frac{n}{n}\qquad n\qquad \frac{s}{s}$$

都不能被视为有意义，因为两者都没有满足语构上的要求；即如果我们视（19）和（20）为句子的话，我们无法取得一个最终的 s 导数。

回到悖论的问题上，我们必须谨记，现实的物理世界并不存在悖论式的矛盾，"悖论并不存在于纯客观对象世界，而是存在或内蕴于人类已有的信念系统之中"[①]。更进一步说，悖论是一种寄生物，必须依附语言而赖以生存，因为人类的信念是由语言来表达的。悖论的出现表明我们所使用的语言并不完善或我们错误地使用语言。所以如果要消解任何一个悖论，先澄清所使用语言的语

---

① 张建军：《逻辑悖论研究引论》（修订本），人民出版社 2014 年版，第 7 页。

构规范是最基本的做法。不过，语构范畴理论对罗素悖论的轻松消解只是一个副产品，这个理论的目的是要澄清一个语言的语构结构，从而保障属于该语言的语言串有意义的可能性。

［基金项目：国家社科基金重大项目（18ZDA031）。］

（本文编辑：张顺）

A Dissolution of Russell's Paradox：A Theory of Syntactic Categories

WONG Sen

Abstract：The Polish logician S. Leśniewski once provided a unique dissolution of Russell's paradox based on his theory of syntactic categories. The theory of syntactic categories is a metalogical syntactic system. A proper understanding of the historical development of the theory of syntactic categories and a systematic reconstruction of the theory of syntactic categories may help to reveal the uniqueness of this particular dissolution to the paradox. Paradoxes are parasitic organisms living on the languages that we use, and so any attempt to dissolve a paradox would require first and foremost a clarification of the syntax of the language being used.

Keywords：Leśniewski；Russell's Paradox；Categorematic Terms；Syncategorematic Terms；Categorial Grammar

逻辑与社会

论逻辑悖论与伦理悖论的异同

陈爱华

（东南大学人文学院）

摘　要： 近年来关于逻辑悖论及其跨学科研究已成为学界关注的热点之一，与此同时，随着科技迅猛发展伦理悖论亦日益凸显。本文旨在解析逻辑悖论与伦理悖论两者之间的异同：一是揭示两种不同悖论之间在"悖论度"、解悖或者规避的"最小代价最大效益"原则方面具有相似或相通性；二是辨析在主客观属性方面、内在逻辑形态、"悖境度"等方面具有殊异性；三是指出在学理研究及解悖方法方面逻辑悖论与伦理悖论两者之间具有互补性。

关键词： 逻辑；逻辑悖论；伦理；伦理悖论

近年来，关于逻辑悖论及其跨学科研究已成为学界关注的热点之一。就其学术层面而言，"逻辑悖论是一个跨学科的边缘性、交叉性研究领域，其多层面意义与价值已经并正在逐步呈现出来。"[①] 就其现实层面而言，随着现代科技的迅猛发展及其成果运用，其正负两重效应不断凸显，其中既有技术悖论，如"杰文斯悖论"，又有道德悖论，如"电车难题"，还有伦理悖论，如科技成果运用的近期利益与远期利益难以兼顾等。那么，学术层面的逻辑悖论与现实层面的诸悖论有何异同？本文试图通过解析逻辑悖论与伦理悖论两者的异同，区分两种不同悖论之间的相似或相通性、殊异性和互补性。

一　概念释义

据《辞海》解释，"悖论"或者"逻辑悖论"是逻辑学名词，它是指在一

[①]　张建军：《广义逻辑悖论研究及其社会文化功能论纲》，《哲学动态》2005 年第 11 期。

个公理系统中有一命题 A，如果承认 A，则可以推得 ￢A（非 A）；反之，如果承认 ￢A（非 A），亦可以推得 A。由此，称 A 命题为悖论。[①] 近年来，国内外学界经过对悖论的反复研讨，已不再把悖论简单归结为一个孤立的悖论性语句或矛盾等值式，而是将悖论视为具有多重结构要素的系统性存在。得到较多采用的是弗兰克尔（A. A. Fraenkel）对悖论的定义："如果某一个理论的公理和推理规则看上去是合理的，但在这个理论中却推出了两个互相矛盾的命题，或者证明了这样一个命题，它表现为两个互相矛盾的命题的等价式，那么，我们说这个理论包含一个悖论。"[②] 张建军则将悖论定义为："逻辑悖论指谓这样一种理论事实或状况，在某些公认正确的背景知识之下，可以合乎逻辑地建立两个矛盾语句相互推出的矛盾等价式。"[③] 其中包括三个结构要素："公认正确的背景知识""严密无误的逻辑推导"和"可以建立矛盾等价式"。那么，三个结构要素为何构成悖论的"理论事实"或"理论状况"？在张建军看来，悖论是在特定知识领域被"发现"的东西，而不是被"发明"的。其一，悖论作为一种"理论事实"，它"并不存在纯客观对象世界，而是存在或内蕴于人类已有的信念系统之中"；其二，悖论作为一种"理论状况"，它是一种"系统性存在物"，再简单的悖论也必须从具有主体间性的背景知识经逻辑推导构造而来，"任何孤立的语句本身都不可能构成悖论"。[④]"逻辑悖论"又有狭义与广义之分。其最狭义的用法仅指集合论—语形悖论，而目前西方学界比较通行的用法是指谓集合论—语形悖论、语义悖论、认知悖论和新近出现的合理行动悖论。基于此，张建军将后两类统称为"语用悖论"，并将语形、语义、语用三类悖论统称为"狭义逻辑悖论"。而"广义逻辑悖论"不仅包括狭义逻辑悖论，还包括哲学悖论，诸如芝诺悖论和康德的二律背反等，现在还有模糊悖论、归纳悖论和道义悖论；也包括具体科学悖论，诸如贝克莱悖论和爱因斯坦追光悖论等。

而"伦理悖论"[⑤] 与"（逻辑）悖论"这两者之间不是严格的逻辑意义上的属种关系，而是一种引申意义上的借鉴。所谓伦理悖论是指现实伦理关系的运

---

① 辞海编辑委员会：《辞海（1999 年缩印本）》，上海辞书出版社 2002 年版，第 89 页。

② Fraenkel, A. A. and Bar-Hillel, Y. , *Foundations of Set Theory*, North-Holland Publishing Company, 1958, p. 1.

③ 张建军：《逻辑悖论研究引论》（修订本），人民出版社 2014 年版，第 7 页。

④ 张建军：《逻辑悖论研究引论》（修订本），人民出版社 2014 年版，第 7 页。

⑤ 参见陈爱华《全球化背景下科技—经济与伦理悖论的认同与超越》，《马克思主义与现实》2011 年第 1 期。

作中，一种行为的目的是好的或者是善的，然而其产生的结果却是利与害并举、善与恶相伴；或者既得到了预期的伦理的正效应（善），同时也得到了未预期的伦理的负效应（恶）；或者即使预期到一旦得到其伦理正效应，可能会产生相应的伦理负效应，但是在行为结果中，伦理负效应大大超出预期。

从上述的概念释义，尽管可以看到逻辑悖论与伦理悖论两者之间具有较大的殊异性，但还是具有以下两个方面的相似或者相通性。一是从"悖论度"[①]的观点看，两者具有一定的相似性。因为如理发师悖论中的"店规"（即"给且只给那些不给自己理发的人理发"），其中蕴涵自相矛盾的因素；而伦理悖论亦蕴涵了正负效应的矛盾的因素。因为没有善恶的矛盾对立，伦理悖论就无从谈起。二是从解悖或者规避的"最小代价最大效益"原则来看，逻辑悖论与伦理悖论两者之间亦具有一定的相通性。比如，在评价逻辑悖论解悖方案的合理性方面，张建军整合了 RZH（罗素—策墨罗—哈克）标准，明确地提出了"足够狭窄性""充分宽广性""非特设性"三项基本要求。[②] 其中"足够狭窄性"是指通过对悖论第一要素的修正，使得旧的悖论消除，且未发现新的悖论；"充分宽广性"不仅要尽可能取代被修正理论原来具有的正面功能，而且其修改措施具有更为宽广的解题功能，进而能解决更多的悖论；"非特设性"是要求为解悖方案提供独立于排除悖论之诉求的充足理由。而伦理悖论的规避则要求伦理活动主体在伦理活动中尽可能降低其负效应，优化其正效应。比如，自 20 世纪 60 年代产生的生命伦理学，通过总结第二次世界大战中德国纳粹医生以科学研究为幌子残酷迫害犹太人的惨痛教训，结合医学实践和科学实验的实际状况，制定了尊重人的生命与尊严、以人为本的原则，不伤害和有利的原则，知情同意原则，公正公益的原则等，体现了伦理合理性。尽管逻辑悖论与伦理悖论在"悖论度"和解悖或者规避悖论的原则上具有一定的相似或者相通性，但是两者无论是在主客观属性方面、内在逻辑形态方面，还是在各自面临的风险境遇方面都存在较大的殊异性。

二　逻辑悖论与伦理悖论的殊异性

首先，逻辑悖论与伦理悖论主客观属性方面具有殊异性。就逻辑悖论而言，

① 张建军：《广义逻辑悖论研究及其社会文化功能论纲》，《哲学动态》2005 年第 11 期。
② 张建军：《逻辑悖论研究引论》（修订本），人民出版社 2014 年版，第 24—32 页。

一是从其三要素，即"公认正确的背景知识""严密无误的逻辑推导"和"可以建立矛盾等价式"来看，逻辑悖论属于思维现象，或者说是思维活动呈现出的一种样态。二是逻辑悖论无论是作为一种"理论事实"，即存在或内蕴于人类已有的信念系统之中，还是作为一种"理论状况"，即是一种系统性存在物，必须从具有主体间性的背景知识经逻辑推导构造而来。由此可见，这是对思维过程的逻辑矛盾的抽象，而不是对现实的客观对象世界的描述。

然而，就伦理悖论而言，它存在于客观对象世界和生活世界之中，是现实的伦理关系的运作中产生的人与人、人与社会、人与自然（环境）矛盾（伦理问题）的伦理概括，即一种行为的目的是好的或者是善的，然而其产生的结果却是利与害并举、善与恶相伴。尤其是随着当代科技的迅猛发展，对社会经济文化及人们的生活方式、思维方式、价值观念等产生了广泛而深刻的影响。我们以城市发展的伦理悖论为例。近年来，城市发展包括房地产开发、城市交通立体化、系统化等方面，一方面为人们（城市居民和外来务工人员）提供了更多就业、发展的机会，推进了城乡一体化的进程；另一方面，由于城市的迅速扩张，使得乡村的可耕地面积缩减，房价飙升，在一定程度上影响人们（特别是青年人）生活质量的提高。与此同时，整个城市成了一个大工地，粉尘污染有增无减，各种建筑机械的噪音不绝于耳，空气质量指数急剧下降，城市到处灰蒙蒙一片，蓝天白云已经成为稀罕的景观。① 随着城市人口的不断汇聚，人口密度不断增高，城市的生活垃圾、生活污水、工业废气、废渣、废水的排放空前增多，许多城市市区的地下水污染较为严重，"水荒"成为人类生活的又一大威胁。②城市为了提高空间利用率，一幢幢摩天大楼拔地而起，而人们交往的现实空间生产的自由活动空间、视觉现实空间日益狭隘，进而使人—楼伦理关系紧张。在这样的水泥森林中，人们倍感压抑，一逢节假日就纷纷逃离城市。这样又引发节假日客流高峰，使得拥堵的交通空间雪上加霜。与此相关，还有轿车发展的伦理悖论。随着轿车业的发展，人们常常以车代步，城市的交通空前拥堵，增加了人们的烦躁、焦虑感——心理压力空前增大，加之工作节奏的加快、岗位竞争、行业竞争愈来愈激烈，许多人处于心理亚健康状态，进而使人—车伦理关系、己—我伦理关系空前紧张。其他的，还有互联网、信息技术、

---

① 陈爱华：《全球化背景下科技—经济与伦理悖论的认同与超越》，《马克思主义与现实》2011 年第 1 期。

② 陈爱华：《科学与人文的契合》，吉林人民出版社 2003 年版，第 243 页。

人工智能、生物技术、食品工业、核能利用等都出现了相应的伦理悖论，在此就不一一列举。总之，人们在享受上述发展正效应的同时，也倍受其负效应的困扰。

其次，逻辑悖论与伦理悖论的内在逻辑形态具有殊异性。就逻辑悖论而言，其内在逻辑形态是实然逻辑，即依照"是其所是"的实然逻辑形态对相关逻辑悖论中的语形、语义、语用进行真假的断定。因为真正的严格悖论须从"公认正确的背景知识"出发，对"以往的所有观念（包括理论的基本原理）置于以事实与逻辑为基干的理性法庭之中，通过根本性的观念变革与创新解决问题"①。因此，逻辑悖论的实然逻辑形态是以真假的方式把握世界，即对在公认正确的背景知识下，通过严密无误的逻辑推导所建立的矛盾等价式进行真假关系的反思或者验证。而就伦理悖论而言，其内在逻辑形态是应然逻辑②，即依照"是其所应是"的应然逻辑形态，对产生伦理悖论的伦理活动主体所关涉的诸伦理关系的行为取向、行为后果，依据一定的伦理原则、伦理规范进行善恶的辨析。因此，"是其所应是"的应然逻辑形态是以实践—精神的方式把握世界的，即通过"能做"和"应做"的反思，追溯伦理悖论产生的根源、表现形态、对于人—社会—自然系统的多重伦理关系产生的时间与空间维度的多重正负两重效应（即"悖境度"），探求相关的解悖方略。

再者，逻辑悖论与伦理悖论的"悖境度"具有殊异性。就逻辑悖论而言，其"悖境度"或曰风险境遇，关系到理论建构的逻辑是否自洽，因而逻辑悖论面临的是理论"悖境"。比如，罗素在康托尔（G. Cantor）创立的素朴集合论理论中发现了罗素悖论，由此引发了数学发展史上的第三次基础理论"危机"。罗素提出了一种解决集合论悖论和既往提出的说谎者型悖论的方案——分支类型论。③而就伦理悖论而言，其风险境遇或曰"悖境度"关系到人—自然—社会是否和谐，因而伦理悖论面临的是社会"悖境"，或者是人—自然—社会这一系统的"悖境"。因为伦理悖论本身是非建构性的。一是伦理悖境风险具有客观性，它不能回避并且不以人的意志而转移。二是伦理悖境风险的正效应与负效应具

---

① 张建军：《广义逻辑悖论研究及其社会文化功能论纲》，《哲学动态》2005 年第 11 期。

② 陈爱华：《现代科技三重逻辑意蕴的道德哲学解读》，《东南大学学报》（哲学社会科学版）2014 年第 1 期。

③ 参见王习胜《逻辑悖论方法论研究述要与思考》，《自然辩证法研究》2007 年第 5 期。

有相互依存性，常常会产生连锁反应的客观后果，并且始料未及。①如医疗技术的进步，保证了人类的健康，减少了婴儿的死亡率，延长了人类寿命，这是医疗技术的正效应，但同时又带来了人口增长，进而又引起了一系列的负效应：粮食短缺、资源枯竭等社会问题等。三是伦理悖境风险具有复杂性和可变性，其关涉人—社会—自然这一复杂系统，正像莱斯所指出的那样，科学技术总是在某种特殊的社会背景中操作。如果背景是世界范围的社会集团之间的斗争，那么国家内部和国家之间的激烈的社会冲突就同科学技术进步之间存在一种辩证关系：每一方都迫使其对方进一步发展科学技术。②因此，在追求控制自然的意志中所反映出来的目标，不是各种目标和目的的简单集合，而是包含着互相矛盾部分的整体。当前，人口爆炸、能源枯竭、资源匮乏、环境污染、战争威胁、疾病困扰……成为困扰全球的问题；为了摆脱这一困境，维护自身的利益，世界各国都在争相发展先进技术。这样，就使原本复杂的系统更加错综复杂。进而使高技术发展及其成果应用的正效应越来越被其凸显的负效应所遮蔽，从而更增加了高技术伦理风险的复杂性和可变性。

三 逻辑悖论与伦理悖论解悖方法的互补性

尽管逻辑悖论与伦理悖论两者之间具有上述多重殊异性，但是逻辑悖论的研究及解悖方法与伦理悖论研究及解悖方法之间具有一定的互补性。

首先，逻辑悖论的研究及解悖方法对于伦理悖论研究及解悖方法具有一定的启示性。一是关于逻辑悖论的矛盾归属问题研究，悖论的定义与分类研究，各种狭义与广义逻辑悖论研究，以及关于悖论的一般方法论研究。③如陈波认为，悖论只能获得相对的解决：发现一个设法排除一个，遇到用已有的办法不能解决的新悖论，再设计更合理、更周全的方法去予以解决，如此循环往复，以至无穷。④张建军归纳的悖论"三要素"和 RZH 解悖标准，特别是"非特设性"的"解悖度"等，对于梳理伦理悖论蕴涵的多重交互作用的矛盾冲突的伦理关系，从"是其所应是"的应然逻辑形态，转向"是其所是"的实然逻

---

① 陈爱华：《高技术的伦理风险及其应对》，《伦理学研究》2006 年第 4 期。
② ［加］威廉·莱斯：《自然的控制》，岳长岭、李建华译，重庆出版社 1993 年版，第 104 页。
③ 参见王建芳《中国近三十年逻辑悖论研究的主要特点与趋势》，《哲学动态》2012 年第 6 期。
④ 陈波：《逻辑哲学导论》，中国人民大学出版社 2000 年版，第 256 页。

辑形态与"是其所应是"的应然逻辑形态并重，即从善恶的伦理价值论辨析转向认知逻辑与善恶伦理价值论辨析并重，促进真与善的结合，探求伦理悖论规避的途径具有一定的方法论启示。二是由张建军领衔的"广义逻辑悖论的历史发展、理论前沿与跨学科应用研究"国家社科基金重大项目，分别研究"悖论的一般认识论与方法论""经典逻辑悖论研究及其跨学科应用""认知悖论研究及其跨学科应用""合理行动悖论研究及其跨学科应用""中国古代典籍中的悖论思想研究"五个子课题，进而揭示了悖论深刻的逻辑—历史关联，同时也在一定程度上揭示了逻辑与伦理的关联性，为解决现实科技伦理和社会伦理问题，具有独特的建设性意义。

其次，伦理悖论的研究及解悖方法，对于逻辑悖论研究及解悖方法也具有启迪性。一是伦理悖论研究主要直面现实世界的人与人、人与社会、人与自然（环境）矛盾（伦理问题）；从"是其所应是"的应然逻辑形态，对伦理主体行为"能做"和"应做"关系的反思，追溯伦理悖论产生的根源、表现形态、对于人—社会—自然系统的多重伦理关系产生的时间与空间维度的多重正负两重效应；关注伦理悖论的风险境遇即"悖境度"研究，揭示了伦理悖论的风险境遇的客观性、反应的连锁性、复杂性和可变性，为逻辑悖论研究提出了新问题、提供了新视域。二是伦理悖论研究十分注重伦理悖论解悖方法或曰规避方法的研究。其一，在道德选择过程中，强调伦理主体要坚持必仁且智的价值取向，注重求真的价值取向与臻善的价值取向这两种向度之间必要张力；其二，在运作方略上，要求伦理主体注重"德"—"得"相通性①，注重可持续发展与当下发展这两种向度之间的必要张力；其三，在人的目的性与自然目的性这两种向度之间的必要张力方面，要求伦理主体达到"天人合一"的澄明之境。②这为逻辑悖论解悖方法从注重"是其所是"的实然逻辑形态转化到"是其所是"与"是其所应是"的应然逻辑形态并重，进一步深化逻辑悖论解悖方法研究，提供了新的启示。

综上所述，逻辑悖论及其研究中所关涉的多种解悖方案，对解决伦理悖论面临的社会"悖境"即人—自然—社会这一系统的"悖境"具有启发性。因为自 20 世纪初罗素悖论发现以来，经过一个多世纪的演化，逻辑悖论不仅从

---

① 参见樊浩《伦理精神的生态价值》，中国社会科学出版社 2001 年版，第 336 页。
② 参见陈爱华《高技术的伦理风险及其应对》，《伦理学研究》2006 年第 4 期。

狭义到广义，而且使人们对悖论的认识发生了重大转变，如同张家龙所强调的那样，悖论绝不是谬论，而是启发新理论产生的一个源泉。① 即从认为悖论是理智的"灾难"到将其作为认知变革的"杠杆"。目前悖论已成为具有丰富内涵、辐射面广泛的跨学科研究领域。同样，伦理悖论研究也为逻辑悖论研究理论创新提出了许多新问题，进而拓展了广义逻辑悖论研究空间的广度与深度，同时也推进了当代逻辑科学的"哲学转折""认知转折""应用转折"等的发展趋向。探讨逻辑悖论与伦理悖论的异同，不仅有利于逻辑悖论与伦理悖论的发现，也有利于消除逻辑矛盾即"脱悖"，规避伦理悖论，促进人—自然—社会的和谐度。

［基金项目：国家社科基金重大项目（编号 18ZDA031）、国家社科基金项目（编号 18XZX016）］

（本文编辑：张顺）

On the Similarities and Differences between
Logical Paradoxes and Ethical Paradoxes

CHEN Ai-hua

Abstract：In recent years, the logical paradox and its interdisciplinary research have become one of the hotspots of academic circles. At the same time, with the rapid development of science and technology, the ethical paradox has become increasingly prominent. This article aims to analyze the similarities and differences between logical paradox and ethical paradox. The first is to reveal the similarities or similarities between the two different paradoxes in terms of "paradox degree" and the principle of "minimum cost and maximum benefit" of resolving or avoiding the paradoxes. The second is to distinguish between subjective and objective attributes, internal logic forms, "paradoxical situation degree" and other aspects that are different. The third is to point

---

① 张清宇主编：《逻辑哲学九章》，江苏人民出版社 2004 年版，第 231 页。

out the complementarities between logical paradoxes and ethical paradoxes in terms of theoretical research and resolution methods of paradoxes.

Keywords：Logical Paradox；Ethical Paradox；Degree of Paradox；Method of Solving Paradox

关于逻辑与治理现代化的几点思考

张立娜

（南京师范大学哲学系）

摘　要：治理体系和治理能力现代化事业，为发挥逻辑的社会文化功能提供了重要领域。本文结合江苏省逻辑学会"逻辑应用系列论坛"的内容，给出了逻辑与治理现代化的几点思考：其一，推进治理现代化需要提升治理的理性能力；其二，法治思维研究是推进治理现代化必不可少的主题；其三，推进治理现代化进程要营造讲逻辑、讲规则的社会氛围。

关键词：治理现代化；法治思维；逻辑的社会文化功能

自从中国共产党第十八届中央委员会第三次全体会议提出"全面深化改革的总目标是完善和发展中国特色社会主义制度，推进国家治理体系和治理能力现代化"，国家治理体系和治理能力现代化就成为当今时代关注的热门话题。中国共产党第十九届中央委员会第四次全体会议审议通过了《中共中央关于坚持和完善中国特色社会主义制度、推进国家治理体系和治理能力现代化若干重大问题的决定》。中国共产党第十九届中央委员会第五次全体会议给出了国家治理现代化的目标："基本实现国家治理体系和治理能力现代化；人民平等参与、平等发展权利得到充分保障；基本建成法治国家、法治政府、法治社会。"中国共产党第十九届中央委员会第六次全体会议则做出了"社会治理社会化、法治化、智能化、专业化"的"四化"概括。为治理体系与治理能力的现代化事业，提供了发挥逻辑的社会文化功能的重要领域。2013年开始，江苏省逻辑学会连续举办逻辑应用研究系列论坛①，分别以"逻辑与创新驱动""逻辑的社会文化功

---

① 张立娜、刘伟：《纪念江苏省逻辑学会成立35周年大会暨"逻辑与治理现代化"学术论坛综述》，2016年4月18日，http：//www.cnlogic.net/show.php? catid=1&id=300。

能""逻辑与社会治理现代化""当代思维方式革新"和"逻辑教育"等为主题。论坛主题之间具有密切关联,其中"逻辑与社会治理现代化"的主题居于核心地位,这在当今法治社会建设的大背景下显得尤为重要。本文拟结合论坛的部分内容,谈谈对"逻辑与治理现代化"的几点认识。

一 推进治理现代化需要提升治理的理性能力

国家治理体系是一整套紧密相连、相互协调的国家制度。治理体系与治理能力密不可分。治理体系是治理组织系统结构的现代化,是从制度层面讲的;治理能力是国家治理者素质和方式方法的现代化,是从人的因素讲的,要靠人来实现。有了良好的国家治理体系,才能提高国家的治理能力;只有提高国家治理能力,才能充分发挥国家治理体系的效能。治理体系和治理能力相辅相成,相互为用。这两个相互关联的方面,都离不开以逻辑为基础的科学思维方式的支撑。这也是在逻辑应用研究系列论坛中被反复强调的论点。江苏省逻辑学会会长、南京大学逻辑所所长张建军指出,无论是国家治理还是各层面社会治理,只要谈"现代化",就离不开"赛先生"(科学精神)和"德先生"(民主法治精神),而逻辑学人对"逻先生"(逻辑精神)之于二者的支柱作用的把握已经做了长期探索,应当在"治理现代化"的探索中发挥特殊作用。近年来,科学思维方式研究的重要意义已逐步上升为国家意志与社会共识,除"创新思维""系统思维""辩证思维"被赋予了新的时代内涵外,"法治思维""战略思维""底线思维""历史思维"等早已耳熟能详,这也为逻辑理论与应用研究提供了新问题、新领域,为逻辑学的发展氛围提供了新的时代条件、新的用武之地;而逻辑与治理现代化研究,就是其中最重要的方面之一。

在现代化治理体系中,经济治理体系中的市场治理、政治治理体系中的政府治理和社会治理体系中的社会治理是重中之重。这些核心问题都在论坛中有所探讨,充分表明了逻辑思维在这些方面发挥的特殊功能。

例如,应邀参与论坛的武汉大学桂起权从"两重性逻辑"的角度出发,讨论了习近平的"政府—市场"两点论对邓小平"社会主义市场经济思想"在新的历史条件下的继承和发展。他指出"两重性逻辑"的原则就是"把在表象上互相排斥的两个对立的原则或概念联结起来,因为它们实际上是不可分割的或对于理解同一实在是缺一不可的"①，两者可以互补起来。学会正确运用"看不见的手"和"看得见的手"，统筹效率与公平、活力与秩序，成为善于驾驭政府和市场关系的行家里手，其背后的思维机制即为两重性逻辑。桂起权还结合经济学界对西方"主流经济学"方法论的批判和反思，对两重性逻辑及其作用机制做了多方阐述。这是应用逻辑的视角和方法对政府治理与市场治理进行综合评价和分析得出的结果。

习近平总书记指出："一个国家选择什么样的治理体系，是由这个国家的历史传承、文化传统、经济社会发展水平决定的，是由这个国家的人民决定的。"②善治是对整个社会的要求，不仅要有好的政府治理，还要有好的社会治理，社会治理的目的就是为人民谋福祉。河海大学刘爱莲在论坛上从辩证思维和系统思维视角探讨了社会治理基本问题，交流了对全面推进社会治理现代化的内在辩证理路的认识。具体表现为社会治理系统与其子系统及构成要素的辩证统一、两点论与重点论的辩证统一、继承与创新的辩证统一、社会治理目标实现与当下民生改善的辩证统一、社会治理主体与客体的辩证统一。显然，探析总结全面推进治理现代化的辩证理路，对完善社会治理体系、提升社会治理能力都有着重要作用。

现代化的治理不仅需要主体的多元，还需要这些主体秉持理性的参与态度。中共江苏省委党校张桂岳在论坛中突出强调了"理性把握"的重要价值，认为在当代社会治理中需要提高社会成员的"独立思考、理性选择、创新驱动、风险把握"的能力，而这也为当代社会创新发展所必需。正如有学者所认为："这种理性不是经济学中的'权衡算计'，而是指尊重事实、讲理崇信、互相体谅。缺乏理性已成为实现治理现代化的严重阻碍。……理性的主体能形塑出共同体的精神面貌，从而为有效的地方治理提供动力。"③ 这里的理性之根基就是逻辑理性。"逻辑学是社会理性化的支柱性学科，逻辑的缺位意味着理性的缺位，这是逻辑学最根本的人文性质。"④ 南京信息工程大学苏向荣就此进一步阐释，治理现代化首先要以人的现代化为前提，而人的现代化的重要标志之一就是具备

---

① 桂起权、沈健：《从邓小平的"政治—经济不等式"到习近平的"政府—市场"两点论——经济辩证逻辑思想剖析》，《广东社会科学》2016 年第 6 期。

② 中共中央宣传部：《习近平总书记系列重要讲话读本》，学习出版社、人民出版社 2014 年版，第 48 页。

③ 陈朋：《治理现代化是啥状态》，《学习时报》2016 年 7 月 21 日第 5 版。

④ 张建军：《真正重视"逻先生"》，《人民日报》2002 年 1 月 12 日第 6 版。

较高的逻辑思维能力，即需要各类主体具备基本的逻辑思维能力。政治需要同意，信念需要理由，现代化治理体系中的社会认同必须是经过理性思考和充分逻辑论证以后的结果。正如历次论坛参与者一再呼吁，在国民教育体系中加大健全逻辑意识和逻辑思维素养的培育，是为治理现代化提供人才支撑和能力保障的必然要求的体现。

逻辑应用研究系列论坛讨论的启发价值在于，推进治理现代化的过程是治理主体的理性能力不断提升的过程，而逻辑独特的社会文化功能的发挥，在这一过程中是不可或缺的。

二　法治思维研究是推进治理现代化必不可少的主题

习近平总书记在"首都各界纪念现行宪法公布施行 30 周年大会"上明确要求："各级领导干部要提高运用法治思维和法治方式深化改革、推动发展、化解矛盾、维护稳定能力，努力推动形成办事依法、遇事找法、解决问题用法、化解矛盾靠法的良好法治环境，在法治轨道上推动各项工作。"[①]治理现代化是建立在法治基础上的现代化，全面推进依法治国是推进治理现代化的重要依托。全面提升全社会成员特别是领导干部的法治思维，就成为推进治理现代化的一个必然要求。

法治思维是人们按照法治的理念、原则和标准判断、分析和处理问题的理性思维方式。它要求按照法治的理念思考问题，进而采取与法治理念相一致的普遍行为方式。如何增强社会成员的理性思维水平？如何转换与强化社会成员的法治思维方式？一个显而易见的答案是，决不能忽视社会成员的逻辑思维能力的提升。

法治思维重要作用的凸显，为法律逻辑与法治思维研究提供了新的时代条件。张建军在阐述论坛主题时指出，要全面推进依法治国，就需要高扬法治思维，而逻辑思维正是法治思维之"硬核"，无论立法、执法、司法和守法都离不开逻辑思维。笔者也曾在论坛上从法治思维研究入手，对党的十八大关于法

---

① 习近平：《在首都各界纪念现行宪法公布施行 30 周年大会上的讲话》，《人民日报》2012 年 12 月 5 日第 2 版。

治社会提出的"科学立法、严格执法、公正司法和全民守法"的"新十六字方针"进行了逻辑解读。法治思维是逻辑思维的一种应用形式,"新十六字方针"之间的逻辑关系并非并列关系,而是有着不同层次,它们的研究可凸显出逻辑思维在法治思维中的基本作用与功能。① 应邀参加论坛的复旦大学哲学院陈伟则从司法裁判的角度就此给出了说明。法治的一个重要方面是司法裁判的正义性,那么,司法裁判正义性的逻辑根据是什么?陈伟认为:"形式正义的逻辑性和实质正义的可接受性有助于司法裁判的正义性,甚至是它的部分内容,但它们不是它的根据。从逻辑的视角来看,司法裁判正义性的根据在于裁判程序的正当性、法律推理的可废止性和法律论辩的超越主体性。"② 南京森林警察学院印大双在论坛中就法律推理过程做了系统研讨,他认为法律推理过程包含着权力与利益、应然与实然、确定性和妥当性、客观解释与主观解释、思维与表达、认知与行动等诸多矛盾;在司法能动主义与司法克制主义、自然法学和分析法学的碰撞中,法律已经由文本体现的规范层面转向法律实施的实践层面,法律推理已经由"逻辑独白"到"实践理性"进行位移。③ 这些现代动向都是在法治思维研究中应当予以关注的。

江苏省逻辑学会具有结合社会治理实践开展法律逻辑与法治思维研究的传统。例如在论坛中,宿迁市中级人民法院研究室主任朱千里做了以"逻辑思维与司法实践"为题的大会报告。他通过具体的案例,生动地阐释了在司法之中逻辑思维的重要性与根本性。首先,在司法解释过程中,在解释论点的不同与价值取向的不同之间如何做出选择,不是仅有解释方法就能解决的,更需要进行理论和价值判断上的合理性审查。在解释的过程中必然会产生解释的有效性难题,由此需要一个认定程序,其中逻辑思维就发挥了重要的作用。其次,就法律解释而言,在遵循合法性原则的同时,也要遵守合理性原则。与合法性原则的保守性、封闭性、确定性相比,合理性原则具有前瞻性、开放性、灵活性,有利于法律的理解与适用,较好地实现法律公正的目的。而遵循合理性原则在本质上就是遵循逻辑思维规则。苏州市人民警察培训学校政委陆晓则以"深入推进公安刑事和解工作的逻辑思考"为主题展

---

① 张立娜:《法治思维与新十六字方针》,《学理论》2017 年第 6 期。

② 陈伟:《司法裁判正义性的逻辑根据》,《重庆理工大学学报》(社会科学版)2015 年第 9 期。

③ 印大双:《法律推理从"逻辑独白"到"实践对话"的位移》,《重庆理工大学学报》(社会科学版)2014 年第 3 期。

开研讨，揭示了运用逻辑思维对全面推进刑事和解工作具有重要意义。他指出，近几年"创意警务论"和"理性警察论"在苏州市的探索和实践，为深入推进公安刑事和解工作提供了理论自信和实践自信；执法规范化和警务现代化的建设，为深入推进公安刑事和解工作提供了更高起点和更宽视野；现代执法理念的进一步牢固确立，联动机制的进一步优化和社会影响力的进一步扩大，在思想、制度和实效诸方面为这项工作的可持续发展提供了不竭的内生资源。凡此种种，都为进一步开展法治思维研究提供了丰富的思想与实践资源。

三　推进治理现代化进程要营造讲逻辑、讲规则的社会氛围

推进治理现代化必须坚持依法治国与以德治国相结合，法律和道德都具有规范社会行为、调节社会关系、维护社会秩序的作用，法治与德治的共同点在于"讲规则"，而逻辑思维正是"讲规则"的理性根基。中共江苏省委党校冯必扬在论坛中指出，从垄断型思维走向竞争型思维，是当代思维方式变革的重要方向。竞争是社会活力的源泉，要在当今这一开放的世界生存，只有当人们的思维普遍成为竞争型思维，中国才能真正成为现代化国家。但良性竞争必须是公平竞争，公平竞争的要义就是要以善治精神制定出合理的竞争规则，并使得社会按理性规则运行。复旦大学邵强进则在论坛特约报告中提出，从逻辑视角思考治理现代化，不能忽视"价值逻辑"维度，其中要突出"以人为本"的理念。适应从以物为本向以人为本的转变过程，逻辑对思维方式的研究怎样适应并影响这样的转变，中国传统逻辑思想从中可以发挥什么作用，都是值得认真研究的。其中，增加价值视角的道义逻辑与行动逻辑等领域应当引起高度关注。这也是在推进国家治理体系和治理能力现代化的过程中，必须坚持依法治国和以德治国相结合的规则意识的体现。经过论坛对法律刚性规则与道德柔性规则的比较分析可以清晰见得，法治与德治是功能互补的社会治理手段，二者的边界亦并非固定不变。正如十二届全国人大第五次会议通过的《民法总则》充分体现社会主义核心价值观那样，在法治建设中汲取某些具有根本性的道德准则的内容，使其转化为刚性法律规范，而这种转化的合理性与必要性，需要对法律规则与道德规则、程序（形

式）正义与实体（实质）正义相辅相成的辩证统一关系加以系统深入的把握。这种把握无疑呼唤着形式理性与辩证理性相统一的逻辑智慧之作用的进一步发挥。

"规则意识"的凸显，也使得逻辑的社会文化功能进一步得以凸显，因而也使得在全社会营造讲逻辑、讲规则的社会氛围的必要与重要得以凸显。江苏省逻辑学会具有重视逻辑的社会文化功能研究的传统。早在 2002 年，张建军会长就曾在《人民日报》发表《真正重视"逻先生"》一文，呼吁在国民教育体系中加大健全的逻辑意识和逻辑思维素养的培育，使之成为新世纪营造与社会主义市场经济发展相适应的理性文化环境的重要内容。经过多年发展，逻辑的社会文化功能研究已成为学界一个重要研究主题，为研究逻辑在治理现代化中的作用积累了思想资源。中国社会科学院杜国平亦应邀在论坛中介绍了他主持的国家社科基金重点项目"提高国民逻辑素质的理论和实践探索研究"及其获得的系列成果，得到了与会学者的普遍好评。许多学者以高度的历史使命感与责任感，就在推进治理现代化的过程中不断营造学逻辑、用逻辑的浓厚社会氛围进行了多方研讨。系列论坛清晰地显示出，讲逻辑、讲规则的社会氛围的营造，绝不只是出于发展逻辑学科的考虑，而是为治理现代化提供人才支撑和能力保障的必然要求的体现，逻辑学人应当致力于推动就此形成社会共识。

［基金项目：江苏省高校哲学社会科学基金（SJB2013 720005）。］

（本文编辑：张顺）

Reflections on Logic and Governance Modernization

ZHANG Li-na

Abstract：Combined with the contents of a series of forums of Jiangsu logic society about logic application, this paper gives some thoughts on logic and governance modernization：to promote governance modernization, we need to improve the rational ability of governance; the research on legal thinking is an essential theme to promote governance modernization; to promote the process of governance modernization, we should create a social atmosphere that stresses logic and rules.

Keywords: Governance Modernization; Legal Thinking; Social and Cultural Function of Logic

学术活动信息

加强逻辑研究，倡导问题哲学

——中国逻辑学会第四届全国学术大会综述

张博文

（华侨大学哲学与社会发展学院）

2021 年 10 月 30 日至 31 日，"中国逻辑学会第四届全国学术大会暨中国自然辩证法研究会问题哲学第二届全国会议"于厦门市召开，本届大会由中国逻辑学会和中国自然辩证法研究会问题哲学专业委员会联合主办，华侨大学问题哲学研究中心承办，厦门大学哲学系协办。

中国逻辑学会自 1979 年成立以来，每隔 4 年举办一次会员代表大会暨学术研讨会，各专业委员会也开展了丰富多彩的学术活动。近年来，为加强逻辑学各领域之间的学术交流，在代表大会之间亦设立了"中国逻辑学会全国学术大会"这样的综合性学术活动，迄今已举办了四届。本届大会采用线上、线下同时参会的方式进行，共有 149 名专家学者参与大会，接受论文 78 篇。在大会开幕式中，华侨大学副校长曾路、厦门大学前常务副校长潘世墨、中国逻辑学会会长杜国平分别发表了热情洋溢的致辞，中国逻辑学会副会长黄华新致开幕词，中国自然辩证法研究会发来贺信，预祝大会圆满成功。

本届学术交流分为大会学术报告及分论坛学术报告两个环节，与会学者就逻辑学和问题哲学相关问题展开多视角、多领域的热烈讨论。本届大会汇报和交流的学术成果丰硕，限于篇幅不能尽述，现将其主要内容分四部分综述。

一 逻辑前沿问题研究

会议代表从经典逻辑、模态逻辑、博弈逻辑、认知逻辑等多个方面对逻辑学界前沿热点问题进行了深入的讨论，并提出了诸多具有建设性的理论观点。

　　"实质蕴涵怪论"是学界长期探究的逻辑学难题，在逻辑基础教学中也具有重要意义。张建军通过对条件句的语义排歧和假设性思考的量化机制的讨论指出，在珀尔因果模型论的基础上对共伴式和干预式假设性思考的研究，使得假设性思考中基于形式蕴涵的量化机制得以清晰呈现。通过量化机制的把握解决"实质蕴涵怪论"问题造成的假设性思考疑难，消除因果模型论的"反经典外貌"，维护实质蕴涵理论的基础性和普适性，经典逻辑在人类智能和人工智能研究中的基础功能和作用可得到进一步开掘。郭佳宏首先简述了基本命题逻辑中实质蕴涵的形式定义、背后动机、主要问题和观点，然后从命题公式"真"定义的不同层次（可满足和有效性等层面）角度讨论日常交流中理解"语句真"的不同类型，分析日常直观中人们对"真"要求的不同标准，指出这样的不一致很可能是导致某些经典"怪论"出现的原因。日常条件句推论的"非单调性"很可能是人们对"真"的层次要求不同导致的假象。郭佳宏运用普利斯特的观点对实质蕴涵是否恰当刻画"如果—那么"做了合理性辩护，也指出实质蕴涵的根本局限所在。

　　关于非经典逻辑，万小龙认为，它是统一解决几乎在所有基础科学或人文学科中双重缠绕的基本问题"整体性、辩证性和不确定性"的基础，并且，非经典逻辑的基础本身需要更基础的数学与哲学反思。由此，他提出了模态逻辑基础的四大等价变换，即真值函数 CP 系统与非真值函数 CPH 系统等价、非真值函数式的簇与必然算符等价、一元非统一赋值与二元统一赋值等价和去冗后标准语义与经典框架的簇语义等价。

　　博弈逻辑是由博弈论和逻辑学两大学科综合而产生的一门新兴学科，属于应用科学范畴，在其发展过程中存在许多有待深入探讨的问题。刘明明对博弈逻辑的概念进行了探析，对当前博弈逻辑的研究成果作了概括，对其发展现状中存在的不足进行了总结分析，对中国古代博弈逻辑思想的基本内容和应用价值作了简要说明。

　　三门问题、概率动态认知逻辑和元维逻辑也引起与会学者的关注。李章吕认为借助概率动态认知逻辑为三门问题建立概率认知模型，可以清晰地呈现换门与不换门赢得汽车的概率，以这种整体的视角理解三门问题，可弥补其他解决方案的不足。这种处理方式也可以为睡美人问题、彩票悖论等概率问题的处理提供一种可资借鉴的方案。武林提出，可将行动的基本成分和基本联系称之为元维。行动运用相似论思想结合项目去相似逻辑从而形成元维基本逻辑，最终将其在实践活动中运用能够实现减少、防止应该且能够避免的各种各类问题与危害，提高行动的效果。行动由自然成分引起，或者由社会成分引起，当下人们更多的关注进行思维引导的行动。

"即使"句形式化问题研究也取得新进展。何孟杰认为，"即使"句"M，Q；即使 P 也 Q"是高频句式，而刻画其语义之既有方案多存反例与疑点。他针对疑点论证了 M、P 之间存在削弱性单调关系，提出了系列假说并进行了语义实验。实验结果支持了关于"即使"句的弱临界点假设、全称假设、否定假设、弱等值命题假设。他在此基础上提出"单调全称量化方案"，将"即使"句形式化为"对于所有 X 而言，如果 X 是对 Q 存在削弱性的事件 W，且 W 对 Q 削弱程度不高于 X 是 P 之时，那么 X 是 Q"。

二　逻辑应用与逻辑教育研究

与会代表围绕逻辑应用展开了深入讨论，并展示了逻辑学在多学科交叉融合研究中取得的丰硕成果。瞿麦生回顾了经济逻辑发展的历程，系统阐释了经济共生逻辑的基本理念及其现实作用。朱诗勇指出，技术创新逻辑也是一种应用逻辑。根据对逻辑的概念考察，妨碍技术创新的不是逻辑，而是具体的技术传统；以实践理性的逻辑形式为基础的技术创新逻辑考察表明，技术逻辑是技术创新自由的唯一基础，是技术创新思维的指南针，是技术批判的基本工具。洪龙认为，逻辑是人工智能研究与应用中必不可少的工具。然而，人工智能具有多学科属性，故需要有机融合多学科的知识，才能取得较大的进展。归纳逻辑的形式化是有益于人工智能、其他学科的基础研究；设计并实现寻找大数据价值的人工智能并行算法将是未来的主要课题。人类智力和非人类智力是智力的外延，故人工智能的描述应包括这两个方面。人们无法建造完整的人脑，但我们正在努力构造非生物意义的大脑。魏涛指出，因果模型中反事实的分析是一种数学式的计算。以实际发生为基础，干预内生变量取值，计算反事实语句的取值，判断变量间是否存在反事实依赖关系。结构方程表征变量间的因果关系，实质上是一种"可废止"的形式。智能体的行为不仅可打破原有的因果结构，构建变量间的新联系，同时致使智能体的信念发生转变，产生实际世界的新认知。因果关系延续了不对称性，且可设定充分条件集保证传递性。

逻辑教育也是与会学者热烈讨论的一个重要方面。张学立认为，建设逻辑学一流学科，首先要实现建设理念上的创新，而理念创新的新进路就是新文科建设。他指出，"新文科"之新，不是"新老"的"新"，"新旧"的"新"，而是"创新"的"新"。新文科体现了人文社会科学的一般特征，同时又有别于传统文科，具体表现在新文科具有战略性、创新性、会通性的特征。据此观点，他探讨了逻辑学在新文科建设所应遵循的基本原则、基本方略以及基本路径。林胜强指出，作为基础教育的逻辑教育教学是整个逻辑学事业最坚实的基础。然而由于一些原因，逻辑教育教学面临诸多困境。因此，他提出，一方面应在师范院校中吸引更多师资，加大逻辑专门知识的传授和训练的力度，促使未来的教师能够很好地完成相关教学任务；另一方面，应加紧对现任教师进行逻辑知识培训，帮助他们尽快胜任逻辑课程的教学。逻辑教育工作者要与相关各界携手努力，让全社会形成重理性、讲逻辑、讲道理的社会风尚。陈爱华指出，近年来，不同地区大学及各行各业的辩论赛开展得如火如荼，辩论赛作为辩论的一种形式成为人们特别是青年喜闻乐见的文化交流方式。实际上，辩论之所以有这样的吸引力，源自辩论蕴涵的逻辑美。其中包括辩论凸显了逻辑的理智美即辩论表现出来的求真精神和探索精神，同时辩论也凸显了逻辑的德性美，表现为辩论"以辩明道，以论正言"的向善追求。何纯秀以厦门大学逻辑竞赛和某单位招聘逻辑测试为样本，对高校学生的逻辑思维能力现状进行分析，主张培养大学生的逻辑素养，扩大课堂之外获取逻辑学知识的途径。黄荣彬提出，近来学界频繁出现"学科交叉融合"这个语词，国家在交叉融合学科研究的制度方面也有新的重大举措，然而，"交叉学科"和"融合学科"这两个概念是有区别的，因此他用形式逻辑方法对两者进行了辨析。

三 逻辑思想史研究

许多与会学者致力于研讨逻辑学的发展历史，并就其中的某些关键人物进行讨论。翟锦程认为，逻辑是具有工具性的论证科学，也是西方哲学的基础，西方哲学从古至今的发展始终与逻辑紧密结合在一起。目前的"中国逻辑"是按照西方传统逻辑的教学体系挖掘出来的，而不是根植于中国思想生态的"中国的逻辑"，在中国传统哲学研究中不能起到逻辑于西方哲学体系中那样的根基作用。因此，需要从中国传统学术与文化这一特定的思想生态来挖掘对中国传统哲学起到根基作用的"中国的逻辑"，从而建构根植于本土的中国逻辑知识体系。张逸婧指出，就逻辑在西方哲学中的基础性地位而言，中国有无逻辑是中国哲学合法性问题的一个重要方面。她追溯作为"他者"的中国形象在西方的起源，阐明这一形象如何导致对于中国思想的偏见，指出无论是莱布尼茨式的赞美，还是黑格尔式的不屑，都来源于西方中心视角。当代部分西方学者虽然转向强调中国逻辑的独特性，但在对名辩思想的具体分析上，由于不自觉地以受印欧语言语法影响的西方逻辑为衡量标准，故仍未脱离西方中心视角。她认为，深入理解西方学者的观点及其背后的考量，或许可为中国思想赢得话语权找到契机。

逻辑词源和传播研究亦取得新的进展。甘进指出，严复不仅使用"逻辑"对译 logic，还使用"逻辑"移译 science。在溯源层面，"逻辑"接近 logic 的本源义 gather、collect 和 to speak。-logy 由 logic 变体所得，严复借助-logy 得到了西学一端"罗支"，因西学之名无不以 logic 构成其一部分，以"罗支即逻辑"连接后，通过等义传递，用 logic 移译了 science。"逻"和"辑"连用时，可巡察言语是否连贯、和谐一致和思想是否秩然有序。"逻辑"一词兼二音，以官话发音时为 logy，可移译 science，以福州话发音时可作 logic 的译词。"逻辑"同时成为 logic 和 science 概念的容受器，是综合音韵、义理和功能的考虑。魏燕侠提出，章士钊是中国近现代历史上著名的政治活动家，同时也是中国近现代逻辑思想史上一位举足轻重的人物。他力排众议，将"logic"定名为"逻辑"，在汉语中为逻辑学正了名，他驳斥了"中国无逻辑"和"逻辑乃各科学之总名"的错误言论，构造了中西结合的逻辑体系，从而探索了一条逻辑研究之路。章士钊是近代中国逻辑的助产士，他使中国近代逻辑应运而生，并推动了逻辑科学在中国的发展。

四　问题哲学与问题逻辑研究

问题哲学是在中国兴起的一门新兴哲学学科。近年来，问题哲学研究引起了哲学界的广泛关注。马雷认为，问题哲学与逻辑学具有深刻的联系，在问题哲学研究中，不仅要研究狭义的问句逻辑，还要研究广义的问题逻辑。将问题置于逻辑研究的核心，可以从新的维度促进问题哲学、逻辑学和思维科学的发展。马雷展示了他带领的问题哲学研究团队近年在问题哲学研究方面取得的诸多理论成果，如朱允东的 Why-问题研究、冉小慧的语用学问题理论研究、邓茂林的现象学问题理论研究、刘敏的杜威实用主义问题观研究、顾益的尼科尔斯问题理论研究、幸小勤的洛夫问题理论研究和杨颖的问题意识观研究。他鼓励专家学者们更多地参与到问题哲学研究中，并阐述了未来问题哲学理论研究的多种可行路径。

问题理解是问题哲学研究所首要问题。张学义认为，问题理解包括问题的语法表达、语义陈述等，同时也包括问题理解主体的主观因素，涉及问题主体的心理状态和认知机制。实验哲学采用社会科学、认知神经科学的方式探究哲学话题，可对问题理解主体的心理状态和认知机制进行检测，进而深化对问题理解的认识，是一种值得探究的问题哲学研究进路。邓茂林在生存论—存在论现象学的视野下对"问题"的原初意义进行阐释。他从海德格尔现象学论题"人的意义问题"和"存在问题"出发，推论"问题"探究不能脱离人及其存在。人是一种"发问"的存在者，我们生活在发问这种存在之中，并对"问题"有所领会。根据事物之"向来所是与如何是"追问"问题"自身。从发问的时间性出发研究问题的形式结构。在问题视域下对此在的生存进行剖析来展示"问题之意义"。朱荣春指出，问题分类影响对对象本质的认知与界定，他根据判断标准与解决问题的方法的不同，将问题分为三类：概念问题、事实问题、价值问题。基于上述问题分类，他将本质界定为"人类在特定社会环境下基于特定目的做出的实用性约定"。他提出，在化解事涉社科人文领域的认知冲突时，应遵循三步分析法：先澄清概念（概念问题），再判断真假（事实问题），最后判断好坏（价值问题）。

问题哲学与科学逻辑的深刻关联也引起与会学者的关注。陈向群从问题哲学的视角出发考察科学实验，他指出，从科学实验的内在性质来看，它是以问题为先导的。具体来说，科学实验始于问题，问题同时也是科学实验的核心要素，不仅科学实验的设计以问题为依据，科学实验的实施离不开对问题的思考，对实验结果的分析也以是否解决问题为参考标准。再者，从科学研究方法来说，无论是定性实验方法、定量实验方法，还是对比分析方法，它们都需要以问题为先导。从整体上深刻把握科学实验与问题的内在关系，有利于我们从更深层次去认识科学实验的本质。幸小勤通过对科学哲学史的研究，论证了整个科学发展过程贯穿问题线索。她指出，逻辑实证主义把科学看成是合法问题的累积式渐进过程，波普尔认为科学的进步是问题的不断深化，科学问题的进步是不断提出更深刻的问题。库恩认为问题的合理性是由范式决定的，通过新范式与旧范式之间的更替过程刻画了科学问题进步的阶段性累积特征与革命性的非累积特征。劳丹从解题主义出发，认为已解决的问题才是真正的问题，可解性成为科学问题进步的衡量标准。协调论则把"协调性"看成科学的实质，科学问题的进步源于对经验、概念和背景的协调。

（本文编辑：张顺）

纪念中国逻辑学会科学逻辑专业委员会成立 30 周年学术论坛综述

刘雨轩

（南京大学哲学系）

2021 年 11 月 28 日，"纪念中国逻辑学会科学逻辑专业委员会成立 30 周年学术论坛"以线上形式成功举行。本次论坛由中国逻辑学会科学逻辑专业委员会与辩证逻辑专业委员会共同主办，浙江大学语言与认知研究中心和南京大学现代逻辑与逻辑应用研究所承办。来自全国各地 140 多名老中青学者出席论坛。

在纪念中国逻辑学会科学逻辑专业委员会成立 30 周年之际，恰逢中国学界科学逻辑研究的代表性著作《科学逻辑》（张巨青主编）再版发行。为总结张巨青先生等学术前辈的奠基性学术贡献及科学逻辑领域数 10 年来的学术积累，本次论坛秉持继往开来的精神，在上半场举行《科学逻辑》再版座谈会，系统回顾中国科学逻辑研究的历程及其与辩证逻辑研究的互动发展，在下半场举行五场学术前沿报告，对科学逻辑研究前沿与动态进行研讨。

一　开幕式致辞

论坛开幕式由科学逻辑专业委员会主任、浙江大学黄华新主持。

中国逻辑学会会长、中国社会科学院杜国平首先致贺辞，对中国逻辑学会科学逻辑专业委员会成立 30 年来取得的成绩表示高度称赞；他指出，以《科学逻辑》编写者为代表的科学逻辑研究共同体在奠定学科范式、培养逻辑学人才方面做出了巨大贡献，对此他代表中国逻辑学会表示崇高敬意，并对该书再版表示衷心祝贺。杜国平指出，在当今新一轮科技革命浪潮之下，数字化、脑机结合等技术发展带来了科学研究范式的转换与科学发展模式的创新，科学逻辑迎来重要的发展机遇期；希望科学逻辑专业委员会这一学术共同体能够回应时代关切，服务国家科技发展战略需要，助力国家科技振兴与中华民族伟大复兴，创造新的辉煌。

科学逻辑专业委员会原主任、辩证逻辑专业委员会主任、南京大学张建军做论坛开幕致辞。他首先回顾了张巨青先生对于中国科学逻辑事业的奠基性贡献以及科学逻辑的发展历程。他指出，中国逻辑学会科学逻辑专业委员会在1991年成立，是建立在中国科学逻辑研究已有长足发展的基础之上的，而1984年出版的《科学逻辑》，被公认为中国学界科学逻辑的奠基之作。在1991年12月于珠海市举行的全国首届科学与逻辑研讨会暨科学逻辑专业委员会成立大会上，与会学者就"科学发现的逻辑机理""科学理论的评价与选择"以及"悖论研究的方法论价值"等主题展开了热烈研讨，选举产生了首届科学逻辑专业委员会。30年来，尽管作为理论之背景域的现实发生巨变，但由《科学逻辑》奠基而衍生的系列成果，其理论精华和应用价值历经时间检验仍然熠熠生辉，显示出其高度的前瞻性与当下启发价值。

张建军认为，《科学逻辑》所取得的成就，与张巨青先生数10年学术积累密切相关，是数10年逻辑教学与研究所凝结的学术精品。张巨青先生学术研究最突出的特色在于长期致力于逻辑学方法论功能的多维视域的深度开掘，系统把握多向度之间的互动融合机制。其学术贡献从总体上可概括为如下四个方面：其一，形式逻辑方法论功能的正本清源；其二，辩证逻辑与形式逻辑互补机制的精致把握；其三，科学逻辑的开拓性探究与系统性建构；其四，科学方法论的社会视域的探索。正是基于形式逻辑与辩证逻辑的融合视域的开启，张巨青先生早在20世纪五六十年代参与国内逻辑学大讨论之时，就已经对科学研究中具有特殊方法论功能的逻辑方法展开了探索，并精到地把握到科学假说是形式逻辑的方法论功能在科学研究中最重要的体现。这些学术观点通过《论假说》《再论假说》等文章产生了重要而持久的影响。也正是基于多维融合视域的开启，一种建基于社会实践论之上、以科学活动各环节（科学发现、检验与发展）的逻辑机制探索为对象、以形式逻辑与辩证逻辑的互补机制为枢纽的新型科学逻辑研究纲领也形成了雏形。这为改革开放之后开拓国内辩证逻辑研究的科学方法论学派和以逻辑与历史相统一为特征的新型科学逻辑建构奠定了坚实基础。这种科学逻辑建构的突出特点，就是在其全面启动之初，即确立了在逻辑主义与历史主义之间维持必要的张力、探索其对立互补机制的研究指针。也正是通过《科学逻辑》一书的编写，逐步形成了科学逻辑的老中青研究团队，随后陆续推出了专著《自然科学的认识论问题》、多部论文集以及三辑"认知与方法"丛书；科学逻辑研究团队也成为有持续生命力的学术共同体。张建军以郁慕镛、沙青、汪馥郁、桂起权等学者的成果为例，说明了共同体成员由此衍生的一系列重要成果。并指出，立足获得长足发展的当代逻辑科学体系来看，这些探索仍然具有持久的学术价值、解题功能和启发意义。在我们面向国际、加强国际交流的同时，更要重视对于我们自己已有的学术积累的发掘与利用。

张建军对于科学逻辑的发展现状与未来进一步阐明了自己的看法。他指出，历经多年研究与讨论，科学逻辑在当代逻辑学科体系中的定位已经基本达成共识，如果将逻辑学划分为逻辑基础理论与逻辑应用理论，那么科学逻辑就是一种逻辑应用理论，或者称为应用逻辑，即一种介于基础理论与逻辑应用之间的"中介性"理论，致力于系统探究与把握逻辑因素在科学活动各环节的作用机理，以及逻辑因素与非逻辑因素的相互作用机理，其核心诉求是探究具有一定可操作性的方法论模式与程序；以这种"中介性"理论范式来看，一个庞大的应用逻辑学科群正在强势崛起，例如日渐成熟的认知—智能逻辑、论辩逻辑、语言交流的逻辑、博弈逻辑、法律逻辑、教育逻辑等，而这些学科均可与科学逻辑建立密切的互动关联。因而基于这一理念，也可以看到科学逻辑的跨学科发展趋势及其基本的方略。张建军认为，在学科间多维互动、范式间转换与融合日渐频繁的当下，如何进一步打破学科壁垒，加强问题导向的、更有成效的跨学科交流与合作，是科学逻辑进一步发展所面对的课题。而在这种跨学科发展路径之下，张巨青先生所倡导的在逻辑与历史之间、科学与人文之间维持必要的张力的研究纲领仍然发挥着指针的作用。在逻辑学科发展及其多维应用功能发挥的过程中，科学逻辑的作用仍需进一步开掘。

随后，《科学逻辑》一书的主编、科学逻辑专业委员会创会主任、武汉大学哲学学院荣休教授张巨青通过录制视频，向本次论坛发来寄语："感谢出席会议的各位贵宾，感谢筹办本次会议的机构。大家对我的学术说了不少的好话，其实是过奖了。支配我科教生涯的主要是坚持两条原则：第一，科研教学必须兼顾，缺一不可。我始终是以科研来提高教学水平，同时又以教学来促进科研的活动、水平；第二，我始终认为，论著的影响力，也就是说，学术的生命力，不可以短于作者人生、自己生命的年龄，必须讲究这些成果的质量，只有质量才能谈得上对社会有所贡献。否则书写得再多，也是没有多大社会影响的。"

二 《科学逻辑》再版发行座谈研讨会

开幕式结束后，由科学逻辑专业委员会秘书长、南京大学顿新国主持进行了《科学逻辑》再版发行座谈研讨会。北京联合大学汪馥郁、武汉大学桂起权、中央民族大学于祺明、中山大学梁庆寅、厦门大学潘世墨、四川大学任晓明等学者相继发言。作为《科学逻辑》一书编写出版的参与者、科学逻辑专业委员会筹建的见证者以及中国科学逻辑事业之发展的亲历者，他们或是深情追忆往事，或是总结报告自己的工作成果，或是阐述对于科学逻辑的体认，让与会者对于中国科学逻辑研究的历史脉络与丰硕成果有了清晰和深切的认知。

（一）科学逻辑研究纲领的提出以及《科学逻辑》的编写出版

汪馥郁回忆，1978 年恢复高考后高校急需教材，国家教育委员会要求陆续启动各学科教材编写工作，张巨青先生也接到了国家教育委员会委托编写高校教材《科学逻辑》的任务，于是当时正在参与编写《辩证逻辑》教材的部分学者也就立即转为以张巨青为主编的《科学逻辑》一书编写组的基本成员。桂起权则细致讲述了张巨青先生构思科学逻辑研究纲领的经过。1982 年是张先生的灵感爆发期，很多新的思想不断涌现，而这些灵感都来自他对科学哲学领域著作的刻苦研读。桂起权回忆 1982 年暑假在张先生书房所见情形：他手头捧着查尔莫斯《科学究竟是什么?》一书的初译稿和江天骥先生关于西方科学哲学的讲义苦苦思索。张先生正是基于这些丰富的材料进行再加工再创造，从逻辑的角度加以深层次的挖掘转换，凝结出一整套关于科学逻辑的基本纲领。1982 年 8 月在昆明召开的"第二次全国辩证逻辑讨论会"是张先生提出科学逻辑的重要契机。在这次会议上，张先生利用晚上的时间召开小会讲科学逻辑。当时参加辩证逻辑会议的老师主要来自逻辑学，对于科学哲学并不熟悉，对于"科学逻辑"这样一个新东西也没有概念，于是张先生做了三次纲领性报告，阐述如何把科学哲学的思想转换为科学逻辑，讨论了科学发现中的逻辑成分、科学理论检验的逻辑以及如何将科学逻辑跟科学史进行结合。正是经过昆明会议的研讨，形成了《科学逻辑》这本书的基本思想与提纲。

汪馥郁介绍说，《科学逻辑》的出版引起了社会的广泛关注。著名的教育家、逻辑学家温公颐，中国逻辑学会第三任会长吴家国等学者纷纷撰写书评，对该书的开拓创新表达了高度的赞誉。桂起权提道，我国科学哲学界著名学者范岱年先生也曾做出评论，将《科学逻辑》与江天骥的《当代西方科学哲学》、邱仁宗的《科学方法与科学动力学》一起列为中国学界于 20 世纪 80 年代在科学哲学领域最重要的三项成果。汪馥郁通过检索知网发现，自从该书出版后，有关科学逻辑的论文迅速增加，至今已经达到数百篇；在喜马拉雅 APP 上也推出了《科学逻辑》的有声书，说明本书广受读者欢迎。1992 年，《科学逻辑》获得了国家教育委员会颁发的优秀教材奖，这是对本书所具有的学术价值和实践价值的充分肯定。

2021 年 8 月，《科学逻辑》在学林出版社再版发行。站在新的时代回看这本书的影响力与重要贡献，梁庆寅认为可从以下四点加以概括：第一，它开辟了一个新的研究领域，使科学逻辑成为国内哲学和逻辑学研究谱系中一个重要的组成部分。第二，它从科学认识论和科学方法论的角度为辩证逻辑的研究提供了一个新的研究视角。第三，围绕本书编写形成了一个学术共同体，其成员成为科学逻辑研究的中坚力量；在本书所开创的方向上招收和培养了一批研究生，产出了一批硕士、博士学位论文。第四，通过本书的编写在学术共同体中形成了严谨求真的优良学风。正是由于其高度的前瞻性和学术质量，《科学逻辑》多年后再版依然具有可读性和时代感。

（二）科学逻辑学术共同体的工作

作为《科学逻辑》的编写者，汪馥郁、于祺明和桂起权对于参编本书的时光表达了深切的感念。于祺明说，在共同编写《科学逻辑》的那段时光，气氛堪称"团结紧张，严肃活泼"，令人难忘。桂起权认为，《科学逻辑》编写过程体现的严谨求实的学风，也塑造了科学逻辑共同体求真务实的精神。任晓明回忆了自己参加 1991 年珠海会议的情形：张巨青先生对学风的要求非常严格，对于错误都直接当面批评、提出质疑，对于年轻人也不吝指点提拔，这种严肃认真的风气令其印象深刻。

在《科学逻辑》一书出版后，科学逻辑学术共同体继续沿着该书开辟的路径进行理论拓展。汪馥郁将这一拓展分为两种：其一是在经验自然科学范围内拓展科学逻辑的研究纲领和研究范式；其二是迁移式的理论性拓展，将科学逻辑所确定的方法与范式迁移到人文社会科学领域。在第一个方向上，张巨青随后主编了《自然科学的认识论问题》《辩证逻辑与科学方法研究》《科学研究的艺术——科学方法论导论》《科学理论的发现、验证与发展》等著作，与刘文君共同主编了《科学探索的奥秘》《科学方法论研究》以及"认知与方法"丛书。这些成果对科学逻辑展开了大视角、深层次的研究。第二个方向上的代表成果则有桂起权的《经济学的科学逻辑研究纲领》、汪馥郁的《教学方法论导论》、陶文楼的《管理科学方法论》以及汪馥郁与于祺明等编写的《社会科学方法论导论》等论著。自然科学研究与社会科学研究的共性就在于它们都是一种探究性的活动，因而能够把科学逻辑所提供的研究方式和研究方法从自然科学向社会科学迁移。

桂起权指出，科学逻辑学术共同体在学术写作上采取了集体协作、交叉进行的方法。《科学逻辑》与《自然科学的认识论问题》就是交叉进行的，二者是相互印证的姐妹篇，后者突出认识论的方面，前者是突出逻辑的方面。于祺明是"认知与方法"丛书中《科学理论模型的建构》的作者之一。他指出，《科学逻辑》一书提出要研究逻辑因素在科学发现、科学检验、科学发展这几个阶段的应用，但是对于科学理论模型着墨甚少，有待深化研究。在张巨青先生的安排下，他与刘文君、张琼一起编写了《科学理论模型的建构》，集中探讨了类比、抽象、演绎与归纳等逻辑方法在科学理论模型的建构、评价、修改与发展中的作用。于祺明持续关注科学发现中的逻辑因素。在 2001 年，他与王天思共同翻译了美国科学哲学家南希·纳塞西安主编的《科学发现中的模型化推理》一书，该书注重关注了模型化方法在科学发现中的重要作用。2006 年，于祺明与汪馥郁主编的《科学发现模型论：科学教育改革探索》出版，该书基于对科学发现中逻辑因素的研究，专门就模型化方法做出创新性探讨。

汪馥郁则持续关注教育教学领域。2001 年教育部颁布了《基础教育课程改革纲要》和针对幼儿教育的《幼儿园教育指导纲要》，2012 年进一步颁发了《3—6 岁儿童学习与发展指南》，特别强调在教育教学中激发学前儿童和学龄儿童的探究兴趣，使之体验科学探究的过程和方法，培养其收集和处理信息的能力、获取新知识的能力、分析和解决问题的能力。以此为契机，汪馥郁将科学逻辑的研究方式和研究方法迁移到中小学以及幼儿园教育教学方法研究之中，并与北京市、河北省教育系统合作，积极投入教学改革的实践中，形成了以《成为富有创新能力的教师》《课堂中的逻辑味道》等著作为代表的成果。

潘世墨是"认知与方法"丛书中《现代社会中的科学》的作者。该书探讨了科学与社会的互动关系，其中讨论了科学共同体问题。联系到科学逻辑学术共同体，潘世墨感叹，自己的个人学术成长过程同这个共同体是无法分割的。任晓明结合自己在张巨青先生指导下写作"认知与方法"丛书中的《进化认识论与进化逻辑》一书及其从事归纳逻辑研究的体会指出，张先生的研究纲领以及科学逻辑学术共同体取得的学术积累对于当下的研究仍然有着重要的指引性和启发性；例如追求可操作性的方法论、科学方法的动态发展、科学哲学与逻辑学落地中国后的本土化等探索，都是自己在处理课题时从已有的学术积累中吸收到的营养。

此外，在各环节的讨论中，黄华新回顾了自己在《科学逻辑》一书编写过程中所做辅助工作对其学术起步的有力助益。张建军介绍了科学逻辑学习与研究对其悖论研究工作和建构逻辑行动主义方法论的重要作用。龚耘、马雷、马亮等也深情回顾了师从张巨青先生的学习生涯及对自己为人为学的深刻影响。《科学逻辑》的参编者、华中师范大学刘文君深情回忆了自己与张巨青先生共同工作的经历，并对学林出版社再版《科学逻辑》一书以及夏德元编审的工作表示衷心的感谢，并祝愿我们终生为之奋斗的逻辑学科更加蓬勃发展。

（三）对科学逻辑研究的展望

汪馥郁结合自己的理论探索提出，科学逻辑、辩证逻辑与科学方法论的结合大有用武之地。通过辩证逻辑可以构造整体的理论框架，通过科学逻辑可以将该框架下的方法具体化。考虑到当今理论发展面临的复杂性问题，汪馥郁认为辩证逻辑与科学逻辑的协同研究，很可能会带来复杂性问题研究上的突破和创新。于祺明则结合自己在科学发现与理论模型方面的研究指出，在科学发现问题中，直觉、顿悟、灵感等随机性因素与逻辑合理性因素之间的互动机制依然是当前争论的焦点，这要求将思维当作复杂系统来研究。思维是在物质系统的基础上建立起来的有意识内容的复杂系统，不同的思维形式处在不同的层次，思维形式跨层次的相互作用是直觉、顿悟、灵感等随机性因素的生成机制。关于复杂思维系统的层次论研究，对科学发现逻辑的推进有很重要的作用。此外，将科学逻辑向社会科学领域进行迁移，同样要求对复杂系统的研究。于祺明认为，充分利用系统论、控制论、认知科学等横断科学成果对复杂系统展开研究，是科学逻辑向纵深发展的可循路径。

任晓明认为，《科学逻辑》的研究纲领对于当下逻辑研究依然具有前沿性的指导意义，它提示了以下五个要点：其一，从纯逻辑研究扩展到可操作的逻辑方法，例如因果模型论、信念修正理论等都是这样一种扩展；其二，从理论扩展到应用，例如当今人工智能的方法论主要就是应用的方法论；其三，从演绎扩展到非演绎，秉持广义的大逻辑观；其四，从西方中心主义方法论到中国化本土化方法；其五，从静态的研究扩展到动态的发展研究。

汪馥郁与潘世墨还强调了逻辑思维的培育与普及。2017 年 5 月，习近平总书记在中国政法大学考察时指出，青年时期是培养和训练科学思维方法和思维能力的关键时期，养成了历史思维、辩证思维、系统思维、创新思维的习惯，终身受用。这提示我们，科学逻辑不仅需要在理论上进行拓展，还需要在实践的方面加以拓展，使之产生更大的社会效益，这样科学逻辑才能获得更强的生命力、产生更大的影响力。

三　学术前沿报告

本次论坛学术前沿报告由浙江大学金立主持。报告人围绕科学逻辑的理论与方法在不同领域探索展开各自的报告，体现了科学逻辑的拓展与延伸。

武汉大学陈波应邀与会并作特约报告。他首先总结了武汉大学在科学哲学与科学方法论研究上的厚重传统，展望了接下来在武汉大学哲学学院科技哲学学科的工作目标：在自己原有研究基础上接续武汉大学科学哲学和科学方法论的研究传统，进一步展开研究工作。他回顾了与辩证逻辑和科学逻辑相遇的学习经历，并指出这方面的学习积累在自己的学术研究中发挥了重要的作用。

随后陈波以《溯因作为一种普遍方法》为题进行报告。他首先阐述了对于哲学的看法：他赞同蒯因以及威廉姆森等人关于哲学与科学、常识相连续的观点，并认为哲学是一项认知的事业，是人类认知这个世界的总体努力的一部分；在研究方法、研究效用等多重意义上，哲学与其他科学都是连续的。就其方法而言，哲学同样求助于对世界的观察和实验（特别是思想实验）、直觉和常识以及模型建构等方法，而其中溯因—最佳解释推理是一种重要的方法。随后他基于利普顿、蒯因的工作为溯因—最佳解释推理给出了一般性模式。他指出，自然科学在研究中广泛使用了这一方法，而罗素也早已意识到数学也并非纯演绎的，其公理和第一原则的成立同样也使用了归纳或溯因的方法；近年来，威廉姆森更是大力倡导溯因作为哲学的一般性特征方法。陈波认为，溯因方法是对第一原则的成立进行论证的最佳方式，对于关注基础性和第一原则的学科而言，它是最普遍的方法论模式。

华侨大学马雷在题为《深化科学问题研究，再创科学逻辑辉煌》的报告中以鸟瞰的方式回顾和梳理了问题哲学在中国的发展。以往科学逻辑研究已经认识到"问题"在科学研究中的极端重要性，《科学逻辑》一书断言：理论发现从问题开始。在第八届国际逻辑科学方法论和科学哲学大会上，也有学者提出了建立"问题学"（programology）的任务。这表明，在科学逻辑研究中，科学问题研究的重要性在学界已达成共识。马雷随后概述了 30 多年来中国学界在问题哲学方面的重要著述并指出，在科学逻辑的研究范式不断向更广阔领域应用的背景下，再从哲学的角度来深入地理解问题，探讨问题的本质、结构功能、评价和发展规律，对于交叉学科的发展具有重要作用。

南京大学顿新国以《因果检测的反事实进路》为题报告了他在因果理论研究方面的进展。顿新国首先指出，科学逻辑领域中的归纳辩护研究在内生性与外生性因素的共同作用下逐渐转向探求因果发现的逻辑。内生性因素是指，归纳确证问题的研究从假说范式转向证据范式，而对证据的本性的探究历经概率相干、主题相干到因果相干等阶段；外生性因素则是以普特南、凯文·凯利以及格莱默尔等为代表的哲学家在确证逻辑之外对于计算知识论、形式学习理论的提倡，以及人工智能领域掀起的"因果革命"。探求因果发现的逻辑要求对因果关系做出刻画，已涌现出多种不同的进路。顿新国对其中的因果力进路和反事实条件句进路做了重点介绍。因果力进路的研究存在两个维度：其一是将因果解释为因果力的倾向性和内在性，对此存在条件句和非条件句的刻画；其二是利用概率论工具来刻画因果力的"效应"测度模型，例如 Good 模型和 Cheng 模型以及以因果贝叶斯网络为基础的 Korb 模型。因果力进路的问题在于直接预设了所考察对象之间具有因果关系，因而不能满足探求因果发现的需要，后者追问的恰恰是如何发现因果关系，这也正是人工智能领域以朱迪·珀尔为代表的人工智能专家希望实现的目标。随后顿新国介绍了以大卫·刘易斯为代表的哲学家通过反事实条件句进路对因果关系的刻画，该刻画基于反事实条件句的语义逐层级定义了反事实依赖、因果依赖、因果链条和因果关系等概念；然而这一进路仅刻画了类型因果，而科学和日常生活领域更关注殊型因果关系的判定。顿新国认为，要实现对殊型因果关系之判据的刻画，可以融合因果力进路和反事实条件句进路，其要义在于，因果力进路主张因果关系是事物内在具有的、在某种合适条件刺激下呈现相应结果的倾向，因而可以利用反事实条件句加以刻画。对此他介绍了一种因果检测的逻辑，并定义了在一个因果装置中殊型因果关系的成立条件。在这种融合路径下的因果定义对于探求因果发现的逻辑具有重要意义。

浙江大学廖备水作了题为《新一代人工智能与逻辑学的交叉研究：基于形式论辩的研究路径》的报告。他首先分析了新一代人工智能背景下的一些交叉学科问题。新一代人工智能实行联结主义路径，基于统计的机器学习方法，倡导大数据智能、群体智能、跨媒体智能、人机混合增强智能等发展方向。然而，当前基于统计方法的人工智能技术存在可解释性差、伦理对齐难、认知推理能力弱等问题。这些问题涉及因果解释、伦理机制与规范等知识，它们具有不完备性、不稳定性、不一致性等特点，而经典演绎逻辑不足以表征和处理这类知识，例如经典逻辑无法在开放动态环境中表征例外知识，它也难以处理不一致的信息，这要求提供一种新的逻辑学方法。对此，廖备水提出了基于形式论辩的研究路径。人类常用的推理和说理模式以交换论证的形式进行，论证状态具有动态性和可废止性，这种基于论证与论证之间交互的方法可以表达不完备、不一致的知识，并且能够实现非单调推理，因而通过建模人类的论辩模式，可以为新一代人工智能技术提供新的逻辑学工具。随后廖备水介绍了当下形式论辩理论的成果，它主要包括抽象论辩理论和结构化论辩理论。抽象论辩理论能够表达多种传统非单调逻辑并对一般不一致情境中的推理进行建模，它解决了不一致情境中推理的核心问题，因而能够支持高效算法和有效人机互动。结构化论辩理论是抽象论辩理论的具体化，由结构化论证集合及其上的击败关系即构成抽象论辩框架。此外廖备水还介绍了结合定性与定量方法的概率抽象论辩理论，以及基于图论的论辩语义求解机制。

电子科技大学万小龙围绕当代科学为何特别需要科学逻辑、中国大陆知识界在当代科学逻辑建构中有何特殊意义以及逻辑在当代科学前沿与基础研究中起到何种特征作用等三个问题进行了报告。通过回顾科学逻辑的思想来源，即19 世纪后期迅速发展的现代逻辑、20 世纪 20 年代以来的科学哲学以及 20 世纪早期至今在物理学、信息科学、生命科学和认知科学等领域展开的现代科学革命，万小龙指出，现有科学逻辑是基于现代科学本性的、介于基础逻辑与逻辑应用之间的一种逻辑；他认为，今后的科学逻辑将是基于当代科学发展边界对现有非经典逻辑第二个否定的超越。当代科学发展正逐渐走向其边界：对于本原性科学而言，实验与数学方法都已触及其确定性边界；对于复杂性科学而言，其整体凸显性找不到合适的数学模型；而对于认知或智能科学而言，现有逻辑工具已不能高效表达以辩证性为突出特征的人类智能。而在知识爆炸的背景下，当今科学界基于学科交叉路径和大数据统计与计算机模拟的方法所构建的愿景已经逐渐耗尽其红利。万小龙认为，未来的出路将是西方传统思辨、中国传统类比思维以及近代科学分析思维的融贯，而中国知识界在这方面正大有可为。最后，万小龙以他在构建模态逻辑系统 STRF 及其与经典逻辑的关系研究的新进展为例，阐述了逻辑学在当代科学基础研究中所能够发挥的作用。

四　闭幕式致辞

大会闭幕式由张建军主持。汪馥郁和桂起权对前沿学术报告发表感言，中国逻辑学会秘书长、北京师范大学郭佳宏致辞，黄华新做论坛总结发言。

汪馥郁对于前沿学术报告表示受益匪浅，他指出，当今是最有利于思维科学大发展的时代，也是让逻辑学工作者、思维科学研究者倍感振奋的时代。他以自己近来在儿童数学思维培育方面的研究与实践为例，强调在这样一个时代要尤其关注理论与实践的结合、科学逻辑方法与辩证逻辑方法的结合，立足于现实的复杂性问题，从而取得更多理论和实践成果。桂起权对于科学逻辑和辩证逻辑学术共同体不断成长的人才队伍感到欣慰，看到老一辈学者在科学逻辑、辩证逻辑以及语言逻辑领域开创的传统正在不断发扬，感到这个学术共同体的事业大有希望。

郭佳宏在致辞中首先对会议圆满成功表示祝贺，向科学逻辑与辩证逻辑学界的老一辈学人致敬，对学科取得的丰硕成果和深厚积淀以及在逻辑教育与普及方面做出的工作表示高度赞赏；他结合逻辑学与科学相互促进发展的历史指出，在当今科技浪潮之中，科学逻辑与辩证逻辑的研究成果正大有用武之地，他期待本学科的事业欣欣向荣、蒸蒸日上，在中国逻辑事业发展中发挥更大作用。

最后，黄华新在论坛总结中认为，本次"纪念中国逻辑学会科学逻辑专业委员会成立 30 周年学术论坛"，以高水平体现了新观点和务实的内容，他对与会发言嘉宾以及会议工作人员表示衷心感谢。对于科学逻辑专业委员会未来的工作，黄华新提出四点设想：第一，在认知科学、智能科学迅速发展的今天，特别是在云计算、互联网大数据、区块链、元宇宙等新概念不断涌现的当下，要在目标任务上考虑如何促进科学逻辑、辩证逻辑和科学方法论三者更好结合以面向生活世界、面向现实需求；第二，促进科学逻辑、辩证逻辑在教学与科研两方面的互动，通过打造新时代升级版教材，将最新的优秀成果转化为优质的教学资源，同时通过高水平的教学活动产出更多高质量的科研成果；第三，发挥科学逻辑学术共同体的优良传统，促进个体研究与集体攻关的联动，一方面鼓励以兴趣为导向的个体研究，另一方面充分发挥共同体的集成联动效应，从而更好地回应社会需求和公众关切，服务于国家科技战略和文化战略；第四，促进学术研究与学术传播的联动，在聚焦重点领域重大问题聚精会神搞研究的同时，也要做好科学逻辑和辩证逻辑的普及推广工作，为提高公众人文素养与科学素养服务，以期使科学逻辑与辩证逻辑的研究成果在社会上产生更大影响。

（本文编辑：张顺）

纪念江苏省逻辑学会成立 40 周年大会暨学术研讨会在南京大学召开

段天龙　张　顺

（南京大学哲学系）

2021 年 6 月 5 日至 6 日，"纪念江苏省逻辑学会成立 40 周年大会暨学术研讨会"在南京大学仙林校区隆重召开。本次大会由江苏省逻辑学会和南京大学哲学系主办，南京大学现代逻辑与逻辑应用研究所承办；大会总结了学会成立 40 年以来的发展历程，以期推动江苏省逻辑事业在新时代的发展；本次大会学术研讨主题为"逻辑学在全面建设社会主义现代化国家新时期的功能与作用研究"，同时交流会员关于逻辑理论与应用研究的最新成果，并颁发第五届江苏省逻辑与思维科学优秀成果奖（获奖名单附后）。江苏省逻辑学会百余名老中青代表参加了此次会议。大会印发了收入 57 篇论文的《论文选集》，以及反映江苏省逻辑学会 40 年发展全程的《资料汇编》。

江苏省逻辑学会会长、南京大学逻辑所所长张建军主持大会开幕式并致开幕词，南京大学哲学系主任王恒和江苏省社科联学会部副主任夏东荣分别致辞。王恒介绍了南京大学哲学系百年系庆过程中对逻辑学科发展历程的系统总结，回顾了自江苏省逻辑学会在南京大学成立以来，南京大学哲学系及逻辑学科与学会风雨同舟、休戚与共的发展历程，对莫绍揆、李廉、李志才、郁慕镛先生等已故前辈表达深切缅怀，对江苏省逻辑事业的长足发展给予高度赞誉，并特别强调了学会跨学科建设所提供的宝贵经验。夏东荣转达了江苏省社科联领导对大会召开的热烈祝贺，并结合自己对学科建设与学会建设互动发展的长期研究及其长期参加省逻辑学会活动的经历，高度肯定江苏省逻辑学会同仁长期形成的优良学风与责任担当，逻辑学会发展是在与学科发展互动中建设作为学术共同体的人文社科社团的成功范例，期待学会在新时代条件下发展得更好更强。

中国逻辑学会会长、中国社会科学院哲学所逻辑与智能实验室主任杜国平代表中国逻辑学会发来贺信。中国逻辑学会副会长兼语用学专委会主任、南京大学外国语学院陈新仁宣读贺信。贺信称赞在江苏省逻辑学会领导和广大逻辑学者的共同努力下，江苏省逻辑事业在逻辑教学与普及、逻辑科研与应用等诸多方面均取得了令人瞩目的成就；本次纪念大会的召开，将充分彰显 40 年发展历程和卓越探求，也必将进一步促进江苏省逻辑事业继往开来，取得更加辉煌的成就。

张建军会长代表江苏省逻辑学会对江苏省社科联和社会各界、对中国逻辑学会及各省市兄弟学会给予江苏省逻辑事业的支持和帮助表示衷心感谢。他在开幕词中结合会议印发的《资料汇编》，全面回顾了学会 40 年波澜壮阔的发展历程及主要成就。针对本次会议主题，他着重回顾了近年来江苏省逻辑学会主办的"逻辑应用系列论坛"，即"逻辑与创新驱动论坛""逻辑的社会文化功能论坛""逻辑与治理现代化论坛""当代思维方式革新论坛""逻辑教育论坛"，以及先后主办的"情境哲学与情境逻辑国际学术论坛""2018 全国科学逻辑和辩证逻辑讨论会""首届长三角逻辑论坛""第二届两岸逻辑与哲学论坛暨广义逻辑悖论重大课题开题报告会"等，均取得良好成效和广泛影响，这为学会事业在全面建设现代化的新时代的发展奠定了重要基础。他重申了在纪念实践标准讨论 40 周年的过程中形成的"两个如何"的理念，即"如何"从实事中求是，实践"如何"检验认识的真理性，不断追问这"两个如何"，逻辑工具在现代化建设中的功能与作用就进一步得以凸显。江苏省逻辑事业发展的经验彰显了"人能弘道，非道弘人"之真谛，逻辑的功能与作用的发挥，有赖于大家在基础逻辑、应用逻辑与逻辑应用以及逻辑教育、普及等多层面的扎实工作。他还特别强调了江苏省逻辑学会在推动国民教育体系中逻辑教育发展方面所做出的突出贡献，以及作为江苏省逻辑事业发展一大特点的各市级逻辑学会建设的历史贡献。

大会举行了"第五届江苏省逻辑与思维科学优秀成果奖（2015—2019）"颁奖典礼，典礼由江苏省逻辑学会副会长、南京信息工程大学苏向荣主持。本届优秀成果奖共评出特别荣誉奖 11 项，一等奖 12 项，二等奖 25 项，展示了江苏省学会老中青会员近年来在逻辑理论与应用研究及逻辑普及工作中所获得的一系列重要成果。与会领导和江苏省逻辑学会学术咨询委员会副主任俞思义、冯必扬担任颁奖嘉宾。俞思义先生还深情朗诵了他特地为 40 周年纪念大会和优秀成果颁奖典礼创作的诗篇："笔下生辉明哲理，文中蕴玉有佳音。何当成就惊天下，镌刻汗青铭硕勋。"体现了老一代学者对江苏省逻辑事业新发展的殷切期望。大会还根据理事会提议，决定在学会名誉会长兼学术咨询委员会主任张桂岳先生90岁寿辰之际，授予"终身成就奖"。

根据论文选题和议程设置，会议安排了1场大会主题报告和4场大会学术报告。大会主题报告由江苏省逻辑学会副会长、河海大学刘爱莲主持，东南大学陈爱华、南京大学陈新仁、盐城市逻辑学会裴彦贵、苏州大学杨渝玲分别作题为"论逻辑悖论与伦理悖论的异同""元语用否定说略""关于构建新时代中国特色逻辑学的几点思考""波普尔的情境逻辑：经济学的一种解释进路"的专题报告。陈爱华指出，近年来关于逻辑悖论及其跨学科研究已成为学界关注的热点之一，她通过解析逻辑悖论与伦理悖论两者的异同，揭示两种不同悖论之间在"悖论度"、解悖或者规避的"最小代价最大效益"原则方面具有相似或相通性。陈新仁从元语用视角出发，提出元语用否定概念，以区别于句法学、语义学中讨论的语言否定、语用学文献中曾讨论过的元语言否定、语用否定。裴彦贵结合本次提交大会的盐城市逻辑学会论文选集《逻辑理论与应用研究》的编辑情况及盐城市逻辑学会工作的新近发展，讨论了新时代逻辑工作者应当担负好构建中国特色逻辑学的责任与使命，特别强调了发展多层面应用逻辑与逻辑应用研究在新时代的重要价值。杨渝玲则通过对波普尔情境逻辑的表层与深层分析指出，依据情境分析的方法论原则，结合新兴经济学对传统经济学假设的扬弃，具有内在统一性的自然科学与社会科学可以看作是一个科学连续体，关于这种连续体性质的把握，对当代科学逻辑与科学方法论研究具有重要意义。

第一场大会学术报告由江苏省逻辑学会副会长、南京大学哲学系潘天群主持。南京师范大学翟玉章、江南大学潘正华、南京大学文学院罗琼鹏副、南京大学哲学系张力锋分别以"奎因对现代逻辑基本技术的若干贡献""一个基于知识图谱的类比推理系统研究框架""专名修饰结构的逻辑问题""名字作为严格化摹状词"为题作报告。翟玉章结合其撰写出版《现代逻辑基本概念和技术》一书的体会，着重评述了奎因在逻辑技术上的若干创新之处，特别是真值函项模式有效性检验方法和量化模式有效性的检验与证明方法。潘正华及其团队从人工智能基础理论研究的视角，对AI领域中的类比推理研究进行全面考察，提出了一个"基于知识图谱的类比推理系统以及推论的正确性验证"的研究框架，旨在构建一个以知识图谱为"源域"的类比推理系统，并对系统推理的正确性进行实验验证。罗琼鹏指出，自然语言中的专名既可以自由充任论元，出现在主宾语的位置，也可以被其他修饰语修饰。这种特性表明，专名在语义上具有二元性，即专名既可以表示个体也可以表示属性。张力锋系统地考察了现实化摹状词回应路径及模态论证的各种变体，并指出，一个句子的分析性并不衍推它所表达命题的必然性。

第二场大会学术报告由江苏省逻辑学会副会长、中国逻辑学会逻辑教育专委会主任、江南大学吴格明主持。南京信息工程大学苏向荣、南京大学哲学系胡星铭、南京大学法学院陈坤、南京森林警官学院印大双分别作题为"论普通逻辑课程的思政育人功能""为什么有些歧见是无错的""逻辑在法律推理中没有作用吗？——对一些常见质疑的澄清与回应""事实与规范间的遮蔽与裂隙——法律推理困境勾勒"的报告。苏向荣从普通逻辑课程实现思政育人功能的必然性、普通逻辑课程的思政育人资源挖掘、普通逻辑课程思政资源挖掘应注意的问题等方面对逻辑教育的思政育人功能作了全面深入的说明。胡星铭指出，在无错的分歧中，双方掌握的证据实际不同，但并不表示一方比另一方的证据更有缺陷。没有理由相信双方在不久的将来能够改进自己的证据，或者，双方处理证据的能力一样好，并且没有理由相信双方在不久的将来能够改进自己处理证据的能力。陈坤指出，逻辑在法律推理领域中的应用一直饱受质疑，几种代表性的论证包括：法律公理系统的失败、法律形式主义的失败、法的发现与法的证立两分、推理活动与意志活动两分以及约根森困境。这些论证貌似有理，但经过仔细考察可以发现：它们或者误解了逻辑，或者误解了法律推理，或者同时误解了这两者。印大双指出，随着现代法治的社会基础、哲学基础发生改变，法律推理不再仅仅是在形式逻辑的主宰下单纯地在法律规范层面寻求裁判大前提的活动，而是考虑将法律事实纳入法律解释的视野，将传统的逻辑涵摄模式扩展为从规范到裁判的实践理性过程，表达一种在事实中对规范的设别以及在规范中对事实再认识的流转。

第三场大会学术报告由江苏省逻辑学会常务理事、南京邮电大学洪龙主持。淮阴工学院外国语学院何霞、东南大学张学义、淮阴工学院计算机与软件工程学院宗慧、南通市社科联蒋建民分别作题为"基于量化的可能性情态动词模糊语义汉译研究""实验哲学论纲""基于概念间关系的否定与四值逻辑""张謇经营南通的辩证思维"的报告。为了解答从逻辑的角度分析"可能"这一可能性情态的语义是什么，何霞利用模糊语义的度量工具——中介真值程度度量，对可能性情态动词的模糊语义进行度量计算，使之转化成计算机可以理解的语言。张学义针对关于近20年来国际哲学界新兴的一场哲学运动——实验哲学的诸多质疑和诘难指出，实验哲学要敢于直面外在的争议，努力克服自身局限，在实际的实验操作过程中探索出一条切实可靠的实验哲学新进路。概念间的关系是逻辑学的重要内容，宗慧分别采用集合论和谓词的基本知识，用定义严格地描述了概念间矛盾关系和反对关系，并由此自然地定义矛盾否定、反对否定和非反对否定，且根据这三种否定建立了基于关系的四值逻辑演算的基本联结词真值表。蒋建民系统梳理了张謇在整体协调观、可持续发展观和义利统一观三个方面的辩证思维，并探讨了其在当代的启迪价值。

第四场大会学术报告由江苏省逻辑学会副会长、南京大学哲学系王克喜主持。河海大学龚艳、盐城师范学院刘张华、江苏警官学院施展旦、南京大学外国语学院刘浩依次发言：龚艳比较了迈农的"观念性关系"与胡塞尔的"心理性关系"，指出二者的相似处在于，观念性关系和心理性关系的建立都依赖于主体的心理活动。刘张华对大卫·刘易斯对应体理论的争论和功能作了系统说明，指出对应体理论虽然面临争议，但无论是就其本身的解释能力，还是其直观的解释来说，它都为我们在讨论模态表达的问题时提供了一个新的思路。施展旦阐释了福多在区分意义的语言和思想层次的基础上，通过对心身关系问题作出功能主义的理解，提出一种表征主义的意义理论，并认为应该通过强调语言和思想的区别与关联，以摆脱福多在意义本原问题上的理解及认知循环，进而在实践维度中把握意义。刘浩讨论了语言使用者出于特定交际目的组合使用看似互相矛盾词语的"矛盾修饰"，认为具有独特魅力的矛盾修饰所包容的互相对立的两个方面，能够交相辉映地传达事物的多样性和情感的复杂性。

大会闭幕式由江苏省逻辑学会秘书长、南京大学哲学系顿新国主持。刘爱莲和王克喜作总结发言。他们高度评价了本次会议所取得的成果，对学会40年发展经验的总结有利于学会继往开来，并提高社会对逻辑的功能与作用的认识与关注；获奖成果、大会报告与论文集丰富地展示了学会多层面发展的最新成果与研究活力；本次在江苏省逻辑发展史上具有重要历史意义的盛会，在承办单位和全体代表共同努力下取得了圆满成功，必将促进江苏省逻辑事业蒸蒸日上，队伍不断壮大，不负前辈学者和广大会员的期望和江苏逻辑人的历史使命与责任。

附：

第五届江苏省逻辑与思维科学优秀成果奖（2015—2019）
获奖成果名单

（2021 年 6 月 5 日纪念江苏省逻辑学会成立 40 周年大会颁奖）

特别荣誉奖（11 项）：

1. 陈新仁（南京大学外国语学院）：《语用身份论——如何用身份话语做事》（著作，国家社科基金后期资助），北京师范大学出版社 2018 年版。

2. 程树铭（江苏理工学院）：《逻辑学（第三版）》（著作），科学出版社 2016 年版。

3. 秦豪（张家港市委党校）：《现代应用问题逻辑》（著作），团结出版社 2020 年版。

4. 王跃平（江苏师范大学文学院）：《语言哲学论稿》（著作），中国矿业大学出版社 2016 年版。

5. 徐飞（南京中华中学）：《给中学生的批判性思维书》（著作），江苏凤凰教育出版社 2019 年版。

6. 张存建（江苏师范大学马克思主义学院）：《自然种类词项指称的理论研究》（著作，国家社科基金后期资助），经济科学出版社 2017 年版。

7. 张跃进（苏州市政协）：《老警说案》（著作），古吴轩出版社 2015 年版。

8. 罗琼鹏（南京大学文学院）："Degree Intensifiers as Expressives in Mandarin Chinese"（论文），*Language and Linguistics*，No. 2，2019。

9. 潘天群（南京大学哲学系）："A Logic for Strong Accident and Weak Essence"（论文），*Logique et Analyse*，No. 2，2017。

10. 袁永锋（中山大学珠海校区哲学系，时为南京大学哲学系教师）："Rational Metabolic Revision Based on Core Beliefs"（论文），*Synthese*，No. 6，2017。

11. 《南京大学逻辑学文丛（第二辑）》，中国社会科学出版社 2019 年版：

（1）张建军（南京大学哲学系）：《悖论：人类理性之谜》（著作）

（2）王克喜（南京大学哲学系）：《中国逻辑的汉语视界》（著作）

（3）顿新国（南京大学哲学系）：《确证难题的逻辑研究》（著作）

（4）张力锋（南京大学哲学系）：《从模态的观点看》（著作）

一等奖（12 项）：

1. 欧阳林（常州高级中学）：《批判性思维与中学语文学习》（著作），中国人民大学出版社 2017 年版。

2. 潘正华（江南大学理学院）:《具有三种否定的模糊集与模糊逻辑的理论及其应用》（著作），科学出版社 2017 年版。

3. 徐耀中、陆晓（苏州市公安局）:《侦查逻辑学》（著作），苏州大学出版社 2018 年版。

4. 陈爱华（东南大学人文学院）:《论现代科技伦理的应然逻辑》（论文），《东南大学学报》（哲学社会科学版）2018 年第 3 期。

5. 陈佳（南京大学博士生）:"Logic for Describing Strong Belief-Disagreement Between Agents"（论文），*Studia Logica*，No. 1，2018。

6. 何霞（淮阴工学院外国语学院）:"Graphic Deduction based on Set（Ⅰ）（Ⅱ）"（论文），*Data Science and Knowledge Engineering for Sensing Decision Support*，World Scientific，2018。

7. 胡星铭（南京大学哲学系）:"Must a Successful Argument Convert an Ideal Audience?"（论文），*Argumentation*，No. 1，2017。

8. 刘爱莲（河海大学马克思主义学院）:《论习近平社会治理思想中的辩证思维》（论文），《河海大学学报》（哲学社会科学版）2015 年第 5 期。

9. 施恩亚（盐城市委党校、行政学院）:《公关治理现代化的逻辑思考》（论文），《公关世界》2016 年第 3 期。

10. 吴格明（江南大学文学院）:《加强逻辑思维能力测评，促进逻辑思维能力培养》（论文），《中国考试》2019 年第 9 期。

11. 印大双（南京森林警察学院）:《侦查模式从信息孤岛向结构化数据库的逻辑演进》（论文），《湖北警官学院学报》2016 年第 6 期。

12. 张顺（南京大学哲学系）:《子结构逻辑视域下的语义悖论研究》（论文），《哲学与文化》2019 年第 5 期。

二等奖（25 项）:

1. 董栋（常州纺织服装职业技术学院）:《趣味逻辑》（著作），清华大学出版社 2016 年版。

2. 刘飞（南京森林警察学院）:《广义论证和非形式逻辑视域下〈九章算术〉刘徽注的逻辑思想研究》（著作章节），载王克喜等著《广义论证视域下的中国逻辑思想研究》，中央编译出版社 2019 年版。

3. 徐建成（苏州市逻辑学会）:《孙子兵法的逻辑力量》（著作章节），载张大可主编《史记论丛——孙武专题研究》，中国文史出版社 2015 年版。

4. 丁参（南通开放大学）:《资本主义科学的激进批判——英国激进科学运动的理论价值》（论文），《自然辩证法研究》2019 年第 9 期。

5. 胡庭树（淮阴工学院外国语学院）：《弗雷格逻辑系统中的语句、真值和判断杠》（论文），《湖南科技大学学报》（社会科学版）2016 年第 6 期。

6. 胡中俊（南京理工大学马克思主义学院）：《使真关系的四种理解》（论文），《逻辑学研究》2018 年第 1 期。

7. 焦肃东（南京艺术学院）：《论言语交互行为中的逻辑直觉与情感直觉》（论文），《河南社会科学》2015 年第 10 期。

8. 李珂（南京财经大学马克思主义学院）：《弗封闭策略及相关论争探析》（论文），《逻辑学研究》2018 年第 2 期。

9. 李梦欣（江苏第二师范学院）：《面子建构论评析》（论文），《外语教学理论与实践》2018 年第 3 期。

10. 李振宇（南京大学博士生）：《相容性与相对性之辩——论〈墨经〉对〈坚白论〉的破斥与修正》（论文），《河南社会科学》2015 年第 9 期。

11. 廖彦霖（中山大学博士后，时为南京大学博士生）：《联导论证的逻辑透视：从合法性争议到"第三类论证"》（论文），《自然辩证法研究》2018 年第 12 期。

12. 林静霞（南京大学博士生）：《"推理"的双重语义与逻辑学层级——哈曼与菲尔德之争辨析》（论文），《湖南科技大学学报》（社会科学版）2019 年第 3 期。

13. 刘辰（扬州大学马克思主义学院）：《博弈中的情绪态度》（论文），《科学技术哲学研究》2019 年第 6 期。

14. 刘张华（盐城师范学院法政学院）：《中学生逻辑素养培育探究》（论文），《中学政治教学参考》2019 年第 4 期。

15. 罗龙祥（扬州大学社会发展学院）：《逻辑学的人文性及其教学实践探析》（论文），《贵州工程应用技术学院学报》2018 年第 4 期。

16. 施展旦（江苏警官学院）：《"意义整体论"的证成与反驳——从蒯因、戴维森到福多》（论文），《自然辩证法研究》2015 年第 8 期。

17. 武庆荣（淮阴师范学院政治与公共管理学院）：《语言实践的规范之维——论布兰顿规范语用学的基本进路与理论建构》（论文），《科学技术哲学研究》2015 年第 6 期。

18. 徐娟娟（南京大学博士生）：《旧证据问题及 Garber 型学习策略探析》（论文），《自然辩证法通讯》2018 年第 4 期。

19. 杨宏秀（南京森林警察学院）：《对"14 岁少年户外探险遇难"一案的逻辑分析》（论文），《贵州工程应用技术学院学报》2018 年第 2 期。

20. 杨四平（河北工学院，时为南京大学博士生）：《偶然同一性论争的困境与出路》（论文），《湖南科技大学学报》2019 年第 6 期。

21. 姚发权（南京中华中学）：《中学生批判性思维培养的目标和测评》（论文），《江苏教育》2019 年第 7 期。

22. 张立娜（南京师范大学哲学系）：《演绎逻辑教学有助于提升理性思维能力》（论文），《中国社会科学报》2019 年 7 月 24 日。

23. 张亮（苏州大学政治与公共管理学院）：《动态敏感真理论探析》（论文），《哲学动态》2017 年第 6 期。

24. 张若思（北京师范大学博士后，时为南京大学博士生）：《行动的理由能作为行动的证据吗?》（论文），《科学技术哲学研究》2019 年第 8 期。

25. 赵楠楠（中共江苏省委党校哲学教研部）：《行动悖境的形成机制与化解路径——基于逻辑行动主义方法论的分析》（论文），《江海学刊》2018 年第 6 期。

（本文编辑：顿新国）

"逻辑学与基层治理"有奖征文评审结果揭晓

盐城市逻辑学会

　　2021 年 11 月 6 日，"逻辑学与基层治理"有奖征文评审会在中共盐城市委党校展开。本次征文活动由江苏省逻辑学会主办，中国逻辑学会指导，由盐城市逻辑学会策划并承办，中共盐都区委宣传部协办。来自南京大学、河海大学、中共江苏省委党校等高校的多位逻辑学知名教授和专家出席评审会。

　　此次有奖主题学术征文活动，在全国逻辑学界尚属首次。活动历时 4 个月，共收到来自全国 12 个省市的论文 40 余篇。经评委会认真评审，华中师范大学张园园《基层标准化治理的行动困境及破解之道》获特等奖，南京财经大学詹国辉等《压力型体制下基层政府形式主义的生成逻辑及其治理之道》、南京农业大学杨杨《区块链赋能、政府信任重塑与信访矛盾化解》、盐南高新区卞龙林《基层社会治理逻辑与共同体建设》3 篇论文获一等奖，浙江省温岭市人民法院梁玲玲等《农村妇女参与社会治理的逻辑结构与机制建设》等 6 篇论文获二等奖，海南大学苏海平《权威理论视角下民族村落的治理逻辑》等 10 篇论文获三等奖，复旦大学李哲铭《中国式国家法团主义治理模式的创新实践》等 15 篇论文获优秀奖。

　　本次活动的颁奖典礼于 2021 年 11 月 27 日在盐城召开的"逻辑学与基层治理学术研讨会"上举行，部分研究成果做了会议交流。中国逻辑学会会长杜国平发来贺信，江苏省逻辑学会会长张建军致视频贺辞。获奖成果体现了逻辑学的魅力及其在基层治理中的广泛应用，对于逻辑的社会文化功能研究也有重要的启迪作用。会议向获奖者颁发了证书与奖金，并向与会代表赠送了《走近"逻先生"——逻辑、社会与人生》和《逻辑理论与应用研究——盐城市逻辑学会论文选集》两本书。

（本文编辑：张顺）

《逻辑学动态与评论》稿约

  《逻辑学动态与评论》是由中国逻辑学会与江苏省逻辑学会共同主办、南京大学现代逻辑与逻辑应用研究所承办的学术集刊,由中国社会科学出版社出版。每年出版两辑,向国内外发行。

  本刊旨在反映国内外逻辑理论与应用前沿动态,开展深度学术评论,推动逻辑事业的发展。其特色在于立足理论研究与应用研究相结合的理念,反映逻辑学科各领域的新动向、新问题、新成果;开展对逻辑理论及应用研究前沿与热点问题以及逻辑教育问题的讨论;开展规范、健康的学术评论与学术争鸣;倡导问题导向的跨学科交叉研究。

  本刊常设栏目为"前沿聚焦"和"学术评论",并根据稿源情况设立动态栏目,如:"逻辑史论苑""逻辑与社会""逻辑教育园地""学术活动信息""学术书评"等。

  本刊以发表原创性学术论文为主,研究述评、会议综述及书评等需具有一定的学术评论深度。以在读研究生为第一或独立作者的论文,请附导师审阅与推荐意见。本刊亦接受外文投稿,若得采用,将约请相关专家译为中文发表。本刊亦发表反映国际前沿进展的学术译文(在投稿时须提供原版权所有者的授权协议)。

  本刊学术论文稿件以 1—3 万字为宜。为编辑工作方便,本刊采用与《南京大学学报》(人文社会科学版)相一致的发稿体例,特别是参考文献只采用脚注体例,每页重新编号。请投稿前按本刊已发表文章或近期《南京大学学报》的发稿体例仔细核对调整。鉴于当代逻辑学的跨学科发展趋势,本刊对脚注中的外文文献引用体例不做统一要求,但每篇文章自身的文献引用体例须完全一致。

  本刊采编**接收稿件的邮箱为:**trilnju@163.com 。投稿请使用 Word 文档,做到齐、清、定。符号与图表较多的稿件请附 PDF 文档,以便核对。来稿请注明作者单位及作者简介、联系方式,请务必使用真实姓名,发表时署名听便。基金项目论文,请在文后注明下达单位、项目名称和编号,项目与成果内容要有密切关联，以不超过三项为宜。

本刊采用规范的专家审稿制度，在收到稿件三个月内通知审稿结果。编辑部可能会根据有关编辑要求对来稿做一定删改，不同意删改者请在来稿时申明。来稿文责自负，切勿一稿多投，本刊不承担论文侵权等方面的连带责任。

本刊通讯地址：江苏省南京市栖霞区仙林大道 163 号南京大学哲学系楼 216室《逻辑学动态与评论》编辑部；邮编：210023；联系人：张顺。

衷心感谢中国逻辑学会常务理事会、江苏省逻辑学会常务理事会和海内外学界同仁对本刊的支持。

《逻辑学动态与评论》编辑部